天下文化

BELIEVE IN READING

天下文化 遠見雜誌

OKR
做最重要的事

Google、U2 波諾、蓋茲基金會，
都採用的團隊激勵與管理法。

Measure What Matters
How Google, Bono, and the Gates Foundation Rock the World with OKRs

傳奇創投家 約翰·杜爾 John Doerr —— 著　許瑞宋 —— 譯

獻給安、瑪麗與艾絲特

以及她們無條件的愛帶來的神奇力量

目錄
CONTENTS

第 2 部　工作的新世界

推薦序

OKR 是杜爾給 Google 的大禮

賴瑞・佩吉(Larry Page),Alphabet 執行長、
Google 共同創辦人

如果我們 19 年前創立 Google 時,就已經有這本書可以參考,那該有多好!我甚至希望在此之前,本書早已問世,對我的自我管理也有幫助。雖然我討厭流程,好的主意加上出色的執行,正是創造奇跡的方法。此時,「目標與關鍵結果」(Objectives and Key Results,簡稱 OKR)這套方法便能大展身手。

1999 年某天,約翰・杜爾(John Doerr)來訪講了一課,告訴我們什麼是 OKR,以及應該如何根據他在英特爾(Intel)的經驗,用來管理 Google。我們知道英特爾經營得很好,約翰的演講也聽起來很有道理,因此決定試行他的方法。我想結果證明,這套方法對我們非常有效。

OKR 是一套簡單的流程,有助促進各種組織的發展。多年來,我們應用 OKR 的方式,已經有所調整。你應該把它當作藍圖,根據你想實現的目標加以調整,讓它成為專屬

於你的方法。

對領導人來說，OKR 大幅提高組織的透明度，也提供一種有效的反駁方法，例如你可以問：「為什麼用戶沒辦法幾乎立即將影片上傳 YouTube ？這項目標，不是比你下一季希望實現的那項目標更重要嗎？」

我很榮幸能與約翰在本書結尾，一起紀念比爾・坎貝爾（Bill Campbell），約翰處理得相當優秀。比爾是個非常熱誠的人，具有得天獨厚的判斷力，尤其是對人。他不怕對任何人說：「你滿口屁話」，而且即使如此，對方還是喜歡他。我非常懷念比爾以前每週的高談闊論。但願每個人生命中都有一位比爾・坎貝爾，又或者努力使自己更接近比爾！

我不常幫人寫序，這次卻一口允諾，是因為約翰多年前

賴瑞・佩吉與約翰・杜爾，合影於 2014 年。

送給 Google 一份大禮。OKR 一次又一次幫助我們，實現 10 倍的成長。拜 OKR 所賜，我們瘋狂大膽的使命「組織全世界的資訊」，甚至有可能達成。OKR 幫助我和其他員工，在緊要關頭總是按部就班，準時完成任務。我希望所有人都能了解這套方法。

第 1 部

實踐 OKR

第 1 章
當 Google 遇上 OKR

如果你不知道自己的目的地，就可能無法抵達。

——尤吉・貝拉（Yogi Berra），美國洋基隊傳奇名捕手

1999 年秋季某天，我抵達矽谷的中心，來到 101 號高速公路旁，一棟兩層樓高的 L 型建築。它是創立不久的 Google 公司總部，而我帶來了一份禮物。

Google 兩個月前租下這地方，原本的辦公室位在帕羅奧多商業區（Palo Alto），一間冰淇淋店樓上，但已經不敷使用。再兩個月前，我押下創投職涯 19 年來最大的一注：投入 1,180 萬美元，取得這家新創企業 12%的股權，它還是兩名史丹佛研究所輟學生創立的。我加入 Google 的董事會，無論在財務上還是情感上，都決心竭盡所能協助這家公司成功。

Google 成立不過一年，就立下使命：「匯整全球資訊，供大眾使用，使人人受惠。」這似乎有點浮誇，但是我對賴瑞・佩吉和賽吉・布林（Sergey Brin）有信心。他們很有自信，甚至有點傲慢，但也好奇，而且很有想法。他們懂得傾

聽，而且說到做到。

賽吉充滿活力，機智活躍，固執已見，能輕鬆解決智力上的難題。他出生於蘇聯，後來移民美國，是位精明、富創意的談判者，也是個有原則的領導人。他從不停歇，總是盡力爭取更多成果，甚至可能在會議中，趴到地板上做起伏地挺身來。

賴瑞則是工程師中的工程師，父親還是電腦科學先驅。他說話溫和但不按牌理出牌，還是個十足的叛逆者，胸懷大志，希望網際網路對大眾的意義能爆炸性成長。賽吉精心設計技術應用的商業模式，賴瑞則埋頭研發產品，想像一般人覺得不可能的事，可以說是腳踏實地但又天馬行空的思想家。

那一年稍早，他們到我辦公室推銷自家公司，帶來的 PPT 簡報不過 17 頁，卻只有兩頁有數字，還加了三幅漫畫圖，只是為了充數。他們雖然已經與《華盛頓郵報》（*Washington Post*）談成一筆小生意，Google 當時尚未揭露關鍵字廣告的價值。以面世時間排序，Google 是網路上第 18 個搜尋引擎，在這場派對中算是嚴重遲到了。起步比對手晚那麼多，往往相當致命，在科技界尤其如此。*

但這一切都不能阻止賴瑞「教育」我，他解釋市場上的

---

* 那些罕見的例外，是真正的現狀顛覆者。Google之外的另一個例子是iPod，在這項產品問世之前，至少已經有九個數位音樂播放器投入商業生產。但是，iPod在三年內，就吞下逾70%的市場。

搜尋品質有多差，可以改善多少，以及未來的規模能夠擴大多少。他與賽吉都堅信，兩人可以取得突破，即使手邊沒有業務計畫。他們的網頁排名（PageRank）演算法，比對手好太多了，連測試版也是這樣。

我問他們：「你們認為可以做到多大？」我已經私下估算好，如果一切順利，Google 的市值有望達到 10 億美元。但是我想了解，他們的抱負有多大。

結果賴瑞回答：「100 億美元。」

為了確認，我說：「你是指市值，對吧？」

賴瑞回應：「不，不是市值，我是指營收。」

我簡直目瞪口呆。就一家賺錢、成長率正常的科技公司而言，營收 100 億美元意味著，公司市值達到 1,000 億美

1999 年，賴瑞・佩吉與賽吉・布林在 Google 的誕生地：
加州門洛帕克市聖瑪格麗塔 232 號的車庫中。

元。這可是微軟、IBM 和英特爾的級別，比獨角獸公司更罕見。但賴瑞不帶一絲浮誇，只是平靜說出自己深思後的判斷。我沒有和他爭論，而是真的被打動了。他和賽吉決心改變世界，而我相信他們有望成功。

遠在 Gmail、Android 系統或 Chrome 瀏覽器面世之前，Google 就已經有許多了不起的構想。兩位創始人是典型的夢想家，具有驚人的創業能量，只欠缺管理經驗。*

如果 Google 要真正影響世界，或者甚至只是走到起飛的階段，必須學會做艱難的抉擇，同時確保公司團隊在正軌上。而且他們因為有良好的風險胃納，就應該懂得破釜沉舟，知道所謂的「快速失敗」（Fail Fast）。†

不過 Google 至少需要及時、相關的資料，以追蹤工作進展，來衡量最重要的事。

因此，在山景城（Mountain View）天氣宜人的那一天，我帶給 Google 一份禮物：一套可以造就世界級執行力的有效方法。1970 年代，我在英特爾當工程師時，首次使用這套方法。當時，安迪・葛洛夫（Andy Grove）主導的英特爾，

---

* 2001 年，他們採納我的建議，聘請我在昇陽電腦（Sun Microsystems）公司的老同事艾瑞克・施密特（Eric Schmidt）擔任Google執行長。艾瑞克能使Google這台列車準時行走，必要時打破僵局。接著，我介紹比爾・坎貝爾（Bill Campbell）指導他們三人。

† 我個人是1970年代在英特爾學到這套方法。在安迪・葛洛夫之前擔任英特爾執行長的傳奇人物戈登・摩爾（Gordon Moore），是安迪・葛洛夫（Andy Grove）前一任英特爾執行長，當年他會說：「我認為今年的失敗，是明年再試一次的機會。」

是我見過運作得最好的公司，葛洛夫則是當代、甚至古往今來最優秀的管理者。後來，我進入加州門洛帕克（Menlo Park）的創投公司凱鵬華盈（Kleiner Perkins Caufield & Byers，簡稱 KPCB），廣泛傳播葛洛夫的管理福音，將這套方法介紹給至少 50 家公司。

必須澄清的是，我非常敬重創業者，也是無可救藥、崇尚創新的科技迷。但是，我也看過太多新創企業，苦苦掙扎於成長、擴大規模和完成關鍵任務，因此總結出一個道理，一句「真言」：

點子不值錢，執行才是關鍵。

1980 年代初，我暫別凱鵬華盈 14 個月，前往昇陽領導桌上型產品部門。突然間，我要管幾百人，心中十分惶恐，但葛洛夫那套方法，成為我在風暴中的堡壘，幫助我主持每一場會議時都能釐清思緒。它賦予我的執行團隊力量，整合所有運作動能。沒錯，我們犯了一些錯誤。但也創造了驚人的成就，包括新的 RISC 微處理器架構，讓昇陽在工作站市場上站穩領導地位。多年之後，我將這套方法帶給 Google，支持我的正是這些個人經驗。

這套方法在英特爾塑造了我，在昇陽拯救了我，而且至今仍激勵我。它的名稱是「OKR」，全名是「目標與關鍵結果」（Objectives and Key Results）。它是一套設定目標的守則，適用於公司、團隊和個人。不過請注意，OKR 不是靈丹妙藥，無法替代明智的判斷、有力的領導，或富有創意的職場文化。但是，如果這些基本要素都到位了，OKR 可以引導你登峰造極。

賴瑞與賽吉，以及梅麗莎・梅爾（Marissa Mayer）、蘇珊・沃西基（Susan Wojcicki）、薩拉・卡曼加（Salar Kamangar），還有其他約 30 名員工，幾乎就是當時 Google 全體員工，聚在一起聽我講話。他們站在被當作會議桌用的乒乓球桌四周，或是如同身處學生宿舍，躺坐在豆袋懶人沙發上。我的第一張 PPT 簡報就為 OKR 下了定義：「一套管理方法，有助確保公司聚焦，集中處理整體組織裡重要的議題。」

我向他們解釋，「目標」就是我們想達成的事，不多也不少。目標必然是重要、具體和行動導向的，最好還能激勵人心。目標設計和運用得當，可以防範模糊不清的思想，以及執行時的含混摸魚。

「關鍵結果」界定目標的標準，並且監控我們「如何」達成。有效的關鍵結果不僅明確，而且有時限，是進取但又可行的。最重要的是，它們是可測量也可驗證的。如同模範生梅麗莎・梅爾所言：「沒有數字，就不是關鍵結果。」[1] 關鍵結果的要求只有已滿足或未滿足兩種可能，中間沒有灰色地帶或存疑的餘地。到了指定的期限（通常是一季結束時），我們就宣佈關鍵結果是否已達成。目標可以是長期的，例如持續一年或更久，關鍵結果則隨著工作進展而演變。關鍵結果全都達成時，目標必然已達成。否則，便是 OKR 原本就設計得不好。

我告訴眼前這群年輕的 Google 人，我當天的目標是，替他們公司建立一個規劃模型，衡量標準是下列三項關鍵結果：

關鍵結果 1：我將準時完成簡報。

關鍵結果 2：我們將做一組 Google 季度 OKR 的樣本。

關鍵結果 3：我將取得 Google 管理階層同意，而後試行 OKR 三個月。

我以插圖描繪出兩種 OKR 情境。第一個場景是，一支虛構足球隊的總經理，將一項最高層目標，傳遞給整個球隊組織。第二個場景則取自，我有幸近距離觀察的真實事件，也就是英特爾的「征服行動」(Operation Crush)，這項計畫的目標是，讓英特爾在微處理器市場中，重返支配地位。(稍後將具體討論這兩項例子。)

最後，我概括了 OKR 至今未變的價值：它突顯組織的首要目標，引導各方的努力，並且促進協調，聯繫不同的部門，賦予整體組織目標和凝聚力。

我花了 90 分鐘，準時完成簡報。接下來就看 Google 了。

2009 年，哈佛商學院發表一篇論文，題為〈失控的目

標〉（Goals Gone Wild），[2] 開頭列出一些例子，都是因為追逐目標而造成嚴重後果，包括福特平托汽車（Ford Pinto）油箱爆炸；席爾斯（Sears）汽車修理中心大規模欺騙顧客、溢收費用；安隆（Enron）肆意提高營收目標；以及 1996 年的聖母峰災難，導致八名登山者罹難。這篇文章的作者群警告，目標是「處方藥等級的強效藥，必須小心設定劑量，並且嚴格監督。」他們甚至貼出警告標誌，上面寫著：「目標可能在組織中造成系統性問題，因為目標會縮窄焦點，鼓勵不道德的行為，增加冒險行為，損害合作和降低積極性。」[3] 根據文章作者的論點，設定目標的黑暗面可能弊大於利。

⚠ 警告！

目標可能在組織中造成系統性問題，因為目標會縮窄焦點，鼓勵不道德的行為，增加冒險行為，損害合作和降低積極性。
在組織中應用目標時請務必小心。

這篇文章打動很多人，至今仍廣獲引用。文中的告誡並非毫無價值，因為 OKR 一如任何管理系統，可能執行得很好，也可能執行得很差。本書的目的在於，幫助各位活用它。但請不要搞錯，任何人要在職場爭取出色的表現，設定目標都是絕對必要的。

1968 年，也就是英特爾創立那年，馬里蘭大學心理學教授艾德溫・洛克（Edwin Locke）提出一種理論，無疑影響了安迪・葛洛夫。洛克首先指出，困難的目標比容易的目標，可以更有效提升績效。第二，明確的困難目標比含糊的困難目標，更能「造就更高水準的產出」。[4]

隨後半個世紀中，超過 1,000 項研究證實了，洛克的發現是「所有管理理論中，經受最多檢驗，並且證實正確的概念之一」。[5] 這個領域中 90% 的實驗證實，明確、具挑戰性的目標可以促進生產力。

根據蓋洛普公司（Gallup）年復一年的調查，全球均出現「員工敬業度危機」。不到 1 ／ 3 的美國勞工「投入工作，對工作和職場有熱情而且忠誠」。[6] 不投入工作的無數人當中，只要薪酬增加 20%（或甚至少一些），過半數的人就會離開公司。在科技業，2 ／ 3 的員工認為，自己能在兩個月內找到一份更好的工作。[7]

在企業界，員工疏離不是抽象的哲學問題，而是會損害盈利的實在問題。比較敬業、投入工作的員工，有助公司增加盈利，減少人才流失。[8] 管理與領導顧問公司勤業眾信（Deloitte Touche Tohmatsu Limited）指出：「企業領袖最重視的問題中，留才和員工敬業度已攀升至第二位，僅次於建立全球領導地位這道難題。」[9]

但如何才能讓員工敬業、樂業？勤業眾信有一項為期兩年的研究發現，能帶來最大影響的莫過於「清楚界定、記錄並且公開的目標……目標能使團隊齊心一致、工作公開透明，並且讓員工滿意工作。」[10]

但設定目標並非萬無一失：「如果優先要務互有衝突，或者目標不清楚、無意義、遭到肆意變動，員工就會飽受挫折、憤世嫉俗，並且失去動力。」[11] 有效的目標管理系統（OKR 系統），能連結目標與較廣泛的團隊使命，能因應環境調整，同時重視目標和期限，能鼓勵回饋、讚頌大小成果。而最重要的是，OKR 系統拓展了我們的極限，推動我們致力達成看似超出能力的目標。

就連〈失控的目標〉的作者群也承認，目標「可以激勵員工、改善績效。」[12] 簡而言之，這就是我向賴瑞、賽吉與其他同事傳達的訊息。

當我開放提問，聽眾看來都躍躍欲試。我猜他們會試行 OKR，但預料不到他們會有多大的決心。賽吉說：「我們必須要有『某些』組織原則，而現在還沒有，這或許正符合我們的需要。」但 Google 與 OKR 的結合絕非偶然，它是了不起的阻抗匹配（impedance match），天衣無縫將基因轉錄給 Google 的傳訊核糖核酸（messenger RNA，又稱信使 RNA）。對 Google 這家自由自在、崇尚數據的公司來說，

OKR 是一種富彈性、數據導向的工具。*Google 團隊認可開放的價值，支持開放原始碼、開放系統、開放網路，而 OKR 保證可以提供透明公開的制度。OKR 獎勵「好的失敗」（good fails），也獎勵當代最勇敢的兩位夢想家的膽識。

Google 遇上 OKR，簡直天作之合。

對於如何經營一家公司，賴瑞與賽吉沒有什麼先入之見，但他們知道，寫下目標就會實現。† 他們很喜歡以一至兩頁的篇幅，簡潔列出對他們而言最重要的事，然後公開給 Google 內部所有的人。他們憑直觀就知道，OKR 將如何使組織安穩前行，走過激烈的競爭，和動盪不安的快速成長期。

兩年後，艾瑞克・施密特（Eric Schmidt）出任 Google 執行長，他和賴瑞與賽吉在 OKR 的運用上，展現出頑強、堅持，甚至對抗的精神。如同艾瑞克對作家史帝芬・李維（Steven Levy）表示：「Google 的目標，是成為大規模的系統性創新者。創新意味著創造新事物，規模代表以大量、系統性的方式監控任務完成，並且整體過程必須可以複製。」[13] 賴瑞、賽吉與艾瑞克三人的領導小組，造就了最高層對這套方法的信心和支持，是 OKR 成功運作的關鍵要素。

作為一名投資人，我看好 OKR。隨著 Google 和英特爾的員工跳槽到其他公司，持續傳播 OKR 的福音，數百家類型不同、大大小小的公司，決心採用這套結構完整的目標設定方法。OKR 就像瑞士刀，適合任何環境。最廣泛採用 OKR 的是科技業，因為在這一行，保持靈敏和團隊合作是當務之急。（除了本書將談到的公司，其他奉行 OKR 的科技公司還有 AOL、Dropbox、LinkedIn、甲骨文〔Oracle〕、Slack、Spotify 和推特〔Twitter〕。）但出了矽谷，也有一些家喻戶曉的公司採用這套方法，例如百威英博（Anheuser-Busch）、BMW、迪士尼（Disney）、埃克森美孚（Exxon）和三星（Samsung）。現今的經濟體中，變革是不爭的事實。我們不能固守成規、期望水到渠成，而是需要一把好用的大鐮刀，闢出一條路，以便保持領先。

對於相較小型的新創企業而言，所有人方向一致是絕對必要的，OKR 就是求生工具。尤其是在科技業，新興企業必須快速成長，才能在資本耗盡之前籌得資金。結構完善的目標，是金主衡量成功與否的準則，例如：我們將生產這項產品，在此之前已經與 25 名顧客談過，證實這項產品有市場，而這是這些顧客願意支付的價格。在規模迅速擴大的中

---

* 如同史帝芬・李維（Steven Levy）在《Google總部大揭密》（*In the Plex*）中寫道：「杜爾讓Google採用指標管理法。」

† Google最初採用的是「片段」（snippets）的做法，讓每個人以三到四行的文字，報告工作狀態。

型組織，OKR 是執行上的共通語言。OKR 可以釐清期望：我們必須（迅速）完成哪些任務？哪些人正為此努力？無論是主管與部屬，或是在同階層同事之間，OKR 能使所有員工目標一致。

在大型企業，OKR 是霓虹燈路標，能摧毀分隔各部門的壁壘，聯繫相隔甚遠的員工。還可以賦予第一線自主權，激出新方法解決問題。此外，即使是最成功的組織，OKR 也可以激勵它們更進一步。

OKR 也賦予非營利組織類似的好處。比爾與梅琳達蓋茲基金會（Bill & Melinda Gates Foundation）是坐擁 200 億美元的初創企業，OKR 為比爾蓋茲提供必要的即時資料，幫助他對抗瘧疾、小兒麻痺和愛滋病。曾在蓋茲基金會工作的席薇雅・馬修斯・波維爾（Sylvia Mathews Burwell），將這套方法帶到聯邦機構白宮管理及預算局，再到美國衛生及公共服務部，並且幫助美國政府對抗伊波拉病毒。

但是，最有效、大規模應用 OKR 的組織，可能除了 Google 之外無出其右，甚至連英特爾都不能望其項背。安迪・葛洛夫這套方法的概念雖然簡單，卻要求使用者態度嚴謹、完全投入、思考清晰，並且了解溝通意圖。我們不是只要「列一些清單，然後檢查兩次」，而是要打造能力，鍛鍊出「目標肌肉」（goal muscle），畢竟一分耕耘、一分收穫。然而，Google 的領導人從來不曾動搖，他們對學習和進步的渴望從來不曾止步。

施密特和強納森・羅森柏格（Jonathan Rosenberg）在共同著作《Google 模式》（*How Google Works*）中指出，OKR 成為「將 Google 創始人的『想很大精神』制度化的簡單工具。」[14] 早年在 Google，每一季，賴瑞・佩吉都會撥出兩天時間，仔細檢視每一名軟體工程師的 OKR。（有時，我也會參與其中。賴瑞的分析能力使我非常難忘，他有過人的能力，可以找出眾多活動細節中的一致性。）公司規模擴大之後，賴瑞仍然會在每一季剛開始，針對領導團隊的目標，展開馬拉松式的辯論。

我在那張乒乓球桌做簡報，已經是將近 20 年前的事，但 OKR 依然是 Google 日常運作的一部分。隨著公司成長、漸趨複雜，Google 領導人大可改用較為官僚的管理方法，或是屏棄 OKR、追逐最新的管理潮流。但是，他們選擇延用 OKR，還運作得很好，支持 Google 一再創出驚人佳績，例如用戶人數皆超過 10 億的七大產品：搜尋、Chrome、Android、地圖、YouTube、Google Play 和 Gmail。2008 年，一項影響力擴及全公司的 OKR，拉起黃色警報，動員所有人處理「延遲」的問題，也就是從雲端取得資訊的時間延遲，也是 Google 最深惡痛絕的麻煩。[15] 此外，由下而上的 OKR，能緊密配合「20%自由時間」（20% Time），使基層工程師得以投入一些有潛力的私人項目（Side Project）。

許多公司的政策裡，都有一條「七人規則」，限制任何一名主管，不能帶超過七名直屬部屬。不過，有時 Google

會反其道而行，規定直屬部屬至少要有七人。（強納森・羅森柏格掌管 Google 產品團隊時，部屬曾多達 20 人。[16] 部屬愈多，組織架構愈扁平，因此可以減少由上而下的監管，前線享有更大的自主空間，得以孕育創新突破的沃土。這些好事能夠成真，全都有賴 OKR。

2018 年 10 月將是 Google 執行長第 75 季，領導整家公司評估最高層級的 OKR 進度。隨後在 11 月和 12 月，每一支團隊、每一項產品領域，將研擬來年的計畫，然後從中提煉出各自的 OKR。執行長桑德爾・皮蔡（Sundar Pichai）告訴我，次年 1 月，「我們會向全公司宣佈，『這是我們的高層策略，而這是我們為今年擬定的 OKR。』」[*]（根據公司傳統，執行團隊也將評價前年度的 OKR，並且直率剖析失敗的項目。）

接下來數週至數月間，成千上萬名 Google 員工，將擬訂、討論、修改、評價團隊和個人的 OKR。一如往常，他們可以自由瀏覽公司的內部網路，了解其他團隊如何衡量工作成就。還能夠追查自己的工作，如何與主管、部屬和其他同事的工作有所連結，以及如何配合 Google 的大計。

不到 20 年前，賴瑞對 Google 潛力的預估令人震驚，時至今日卻顯得保守。本書付梓之際，Google 母公司 Alphabet 的市值已經超過 7,000 億美元，為全球第二高。2017 年，Google 連續第六年高居《財星》雜誌（*Fortune*）「最佳雇主」排行榜第一名。[17] 如此傑出成就根基在於，強大穩定的領導力、豐富的技術資源，以及以價值觀為依歸，重視透明度、團隊合作和不斷創新的企業文化。同時，OKR 也發揮了重要作用。我無法想像，Google 總部沒有 OKR 要如何運作，賴瑞和賽吉想必跟我一樣。

接下來的章節，你將看到 OKR 這套方法能確立工作任務，有效加強當責精神，並驅使組織毫無限制追求卓越。施密特就是這麼相信 OKR，還說它「永遠改變了公司的軌跡。」

數十年來，我熱心推廣 OKR，就像當年蘋果種子強尼（Johnny Appleseed），在美國熱心推廣種植蘋果。我利用那套 20 頁的簡報，盡力傳播安迪・葛洛夫的智慧。但是，我總是覺得自己僅觸及表層，沒有真正深耕。所以數年前，我認為應該再試一次，只不過這一次是寫書，而且深度要對得起這個主題。我想藉由本書和 whatmatters.com 網站，與各位讀者分享長久以來我非常重視的一套方法。希望它能對大家有所幫助，而且，我可以告訴各位，它改變了我的人生。

我曾經把 OKR 介紹給全世界抱負最大的非營利組織，

* 最剛開始，Google 只採用季度 OKR，後來才加上年度 OKR，雙軌並行。皮蔡接任佩吉出任執行長後，改用單軌的年度計畫。為了讓過程保持活絡，確保有時限的目標順利達成，所有部門每一季，或者是每六週，都會報告進度。實際上，就是報告關鍵結果。賴瑞現今擔任 Google 母公司 Alphabet 的執行長，要求其他子公司也採用 OKR，而且每一季也會擬定自己個人的 OKR。

與愛爾蘭的殿堂級搖滾巨星。(他們將親自講述使用經驗。)我也看過無數人利用 OKR,規範自己的思想,使溝通更清楚明瞭,讓行動更具意義。如果本書是一套 OKR,我會說它的目標是積極進取的,能讓各位的人生更充實完滿。

葛洛夫超越了自己的時代,他高度專注、開放分享、精確衡量、追求卓越,而這些特質是現代目標科學的標誌。任何地方,只要是 OKR 扎根之處,功績比資歷更重要;管理者將轉成教練、導師和創造者;行動和數據勝於雄辯。

總而言之,OKR 這套方法具備已證實有效的強大力量,可造就傑出的營運表現。它對 Google 有巨大貢獻,你不妨也讓它助你一臂之力吧。

本書就如同 OKR 本身,分為相輔相成的兩個部分。第一部說明 OKR 系統的主要特徵,以及它如何將好主意轉化為出色的執行過程,造就令人滿意的工作成就。所以接下來,我將從安迪・葛洛夫在英特爾創造 OKR 的故事說起,我正是在那間公司裡成為虔誠的追隨者。然後,本書將闡述 OKR 的四種「超能力」:專注、契合、追蹤,以及激發潛能。

超能力 1:專注投入優先要務(第 4 ~ 6 章)

高績效組織能集中精力在重要的工作上,也非常清楚哪些事情不重要。OKR 可以驅使領導人做出艱難的抉擇,同時，它作為部門、團隊和個別員工的精準溝通工具，還能掃除疑慮，賦予我們打勝仗所需要的專注力。

超能力 2：契合與連結，造就團隊合作（第 7 ～ 9 章）

在 OKR 的透明運作機制下，從執行長到基層員工，所有人的目標都是公開共享的。每個人可以將自己的目標，連結公司的營運計畫，辨明相互之間的依賴關係，並且與其他團隊協作。由上而下契合目標，能讓每一名成員對組織的成就有所貢獻，並且將工作變得有意義。由下而上的 OKR 系統，能藉由加深個人對工作的掌控程度，提高敬業程度和創新能力。

超能力 3：追蹤當責（第 10 和 11 章）

OKR 靠數據驅動，活力源自定期檢查、客觀評價和持續再評估，而且執行這些行動時，都依循不評判的當責精神進行。如果關鍵結果瀕臨失敗，將觸發補救行動，讓進度回歸正軌，必要時也可以修改內容，或是以新項目取代。

超能力 4：激發潛能，成就突破（第 12 ～ 14 章）

OKR 激勵我們更上一層樓，突破自己想像中的天花板。不僅如此，它還測試我們的極限，並且容許失敗的空間，因此，我們最富創意、最積極進取的一面，才得以展現。

在這之後，本書第二部分討論的是，全新的工作世界裡，OKR 要如何應用，又帶有什麼意涵：

CFR（第 15 和 16 章）

年度績效考核的缺陷，引出一套有力的替代方案「持續性績效管理」。我將介紹 OKR 的弟弟 CFR（Conversation, Feedback, Recognition），也就是對話、回饋、讚揚，並且說明兩者將如何結合，並且把領導人、員工和組織提升至全新的層次。

持續改善（第 17 章）

本章以一則案例，研究結構完善的目標設定和持續性績效管理。各位將看到一家利用機器人製作披薩的公司，如何由裡到外、從廚房到行銷與銷售，在營運的各方面全面應用 OKR。

文化的重要性（第 18、19、20 章）

這幾章探討 OKR 對職場的影響，並討論它如何促進文化變革。

本書將走進許多故事的幕後，觀察十多家截然不同的組織中，OKR 和 CFR 如何運作。這些故事包括 U2 樂團主唱波諾在非洲的 ONE 反貧運動（ONE Campaign），與

YouTube 追求 10 倍成長的過程，都展現了結構良好的目標設定和持續性績效管理，適用在哪些範圍、具備什麼潛力，以及它們正如何改變我們的工作方式。

第 2 章
OKR 之父

很多人非常努力工作，卻碌碌無為。

——安迪・葛洛夫

這一切始於我想挽回前女友安。她拋棄我，跑去矽谷工作，但我不知道她在哪家公司。那是 1975 年夏天，我還在哈佛唸商學院的暑假。我開車經過優勝美地，來到矽谷，沒有工作，也沒有地方住。雖然前途未卜，但我會寫電腦程式。* 我在萊斯大學（Rice University）攻讀電機工程碩士時，與人合創了一家公司，替寶來公司（Burroughs）編寫繪圖軟體。這家公司是當年與 IBM 競逐市場的「七矮人」之一，我非常享受在那裡度過的時光。

我想在矽谷找一份創投實習工作，卻遭到所有公司拒絕。不過，有一家公司建議我，試試他們投資的晶片公司英特爾，位在聖塔克拉拉。我冒昧打電話給能找到的最高層英特爾員工，這個人就是比爾・戴維多（Bill Davidow），負責掌管微電腦部門。當他知道我會寫基準程式（benchmarks），隨即邀請我去英特爾見他。

英特爾在聖塔克拉拉的總部，辦公室是一大片開放空間，並以矮牆做出隔間，當時這種設計尚未落入俗套。比爾跟我簡短談過之後，把我引薦給行銷經理吉姆・拉利（Jim Lally），然後吉姆再安排我見了其他人。當天下午五點，我終於獲得暑期實習的機會，就在這家科技業的新興模範公司。而且，我實在走運，前女友的工作地點原來就在這裡、走廊的另一頭。但我出現在她面前時，她不太高興。（但是，到了 9 月第一個星期一勞動節，我們又在一起了。）

後來，比爾領我認識公司時，突然把我帶到一邊，對我說：「約翰，有件事你一定要知道，這裡的運作由一個人掌管，他就是安迪・葛洛夫。」葛洛夫當時的頭銜是執行副總裁，他要再等 12 年，才會接替戈登・摩爾出任執行長。不過，安迪當時在英特爾負責溝通協調，也是傑出的營運者和首席監督者。所有人都知道，他是負責人。

英特爾三巨頭掌管公司 30 年，如果光看出身，葛洛夫最不像是可以操此大業的。身為三巨頭之一，戈登・摩爾是靦腆、深受敬重的思考家。他的思想深邃，還提出摩爾定律，預測未來科技將呈指數成長。有了這條定律支持，電腦的資料處理能力，每兩年就會倍增。另一位巨頭羅伯・諾宜斯（Robert Noyce），是積體電路（即微晶片）的共同發明人，還是魅力非凡的外部先生（Mr. Outside）、業界的大使。諾

---

* 我是在 PDP-11 上學的，這是電腦迷愛用的迷你電腦。

宜斯無論出席國會聽證會，或是與眾人歡聚暢飲，都顯得非常自在。（半導體業界很愛開派對。）

然後是葛洛夫，原名安德拉許・伊萬・葛洛夫（András István Gróf）。他是差點落入納粹魔掌的匈牙利難民，20 歲時到美國，身無分文，只懂一點英語，聽覺還嚴重受損。他是個精明強悍、幹勁衝天的鬈髮人，憑藉純粹的意志力和腦力，最後爬到矽谷最受欽佩的企業頂端，帶領公司取得爆炸性的成就。葛洛夫擔任執行長的 11 年間，英特爾每年帶給股東的報酬超過 40%，成長速度與摩爾定律相若。

英特爾是葛洛夫的管理革新實驗室。他熱愛教學，公司也因此獲益匪淺。* 我進入英特爾數日後，得到夢寐以求的機會，可以參加英特爾的策略與營運研討會，名為「英特爾的組織、哲學和經濟學課」（Intel's Organization, Philosophy, and Economics course，簡稱 iOPEC），授課者就是安迪・葛洛夫博士。

葛洛夫在一個小時內，回顧了英特爾過往逐年的歷史。[1] 他概括了英特爾的核心目標在於：毛利率達一般產業水準的兩倍，所有產品線皆取得市場領導地位，以及為員工創造「具挑戰性的工作」和「成長機會」。† 我心想，這些都很好，但我在商學院已經聽過類似的論調。

然後他說了一段話，讓我非常難忘。他談到前雇主快捷半導體（Fairchild Semiconductor），這是他初次遇到諾宜斯和摩爾的地方，促成他們在矽晶圓研究領域，開創一條新的

安迪・葛洛夫，攝於 1983 年。

康莊大道。安迪評價快捷曾是產界的黃金標準，但有個重大缺點，就是缺乏「成就目標」。

他解釋：「那裡很重視專業。公司聘僱誰、擢升誰，都是看專業。但是，公司似乎不太重視，這些人能否有效將知

* 史丹佛大學也因此得益，葛洛夫每年會撥出100小時，教導該校60名商學院研究生。

† 葛洛夫的授課影片請見www.whatmatters.com/grove。

識轉化為實際成果。」然後接著說：「在英特爾，我們往往反其道而行。你懂什麼幾乎無關緊要，我們重視的是，你可以利用已知與可取得的知識做些什麼、實際取得什麼成果。」所以，公司的口號才會是「英特爾說到做到」（Intel Delivers）。

一句「你懂什麼幾乎無關緊要……」等同宣稱知識是次要的，執行才至關緊要，這是我在哈佛學不到的。這番見解令人興奮，是支持績效勝於資歷的實證。但葛洛夫還沒講完，他將最精彩的部分留到最後。課程接近尾聲時，他在幾分鐘內簡略介紹始於 1971 年、英特爾三歲時，他開始建立的一套系統。這是我第一次接觸正式設定目標這種藝術，它深深吸引了我。

以下幾段話直接取自 OKR 之父所言，且未經潤飾：*

> 請注意兩個關鍵詞……「目標」和「關鍵結果」，能達成兩種目的。目標就是方向，例如「我們要主導中檔微電腦元件市場」是目標，是我們要前進的方向。至於本季的關鍵結果，好比「替 8085 贏得 10 款新設計」，也是里程碑。兩者並不相同……。
>
> 關鍵結果必須可以測量，而且，最後也只要用看的，完全不必提出任何理由，證明自己是否做到了。達成？還是沒達成？答案很簡單，不需要下判

斷就能回答。

現在，我們是否主導了中型微電腦元件市場？這是我們未來數年要爭論的問題，但下一季我們將知道，我們是否贏得了 10 款新設計。

葛洛夫說，這是個「非常、非常簡單的系統」，因為他知道工程師無法抗拒簡單的事物。表面看來，這套系統的構想合乎邏輯和常理，而且能夠激勵人心。葛洛夫提出的方法既新鮮又原創，有別於當時陳腐的正統管理觀念。但嚴格來說，這套方法並非憑空而生，而是其來有自。葛洛夫循著一位前輩的理論，才完成這套方法。這位前輩就是彼得・杜拉克（Peter Drucker），他是維也納出生的傳奇人物、許多人的「繆思」，也是前無古人的偉大「現代」企管思想家。

目標管理理論的大前輩

20 世紀初的管理理論先驅，尤其是佛德烈・溫斯洛・泰勒（Frederick Winslow Taylor）和亨利・福特（Henry Ford），率先以系統化的方式測量產量，並且分析如何提高效率。他們認為，專制獨裁式的組織最有效率、最會賺錢。†

---

* 請想像略帶匈牙利口音的英語，這是葛洛夫說話時一貫的特徵。

† 麻薩諸塞州的社會工作者瑪麗・帕克・傅萊特（Mary Parker Follett），提出一種相較進步的模式，但當年不受重視。她於1926年發表的文章〈發布命令〉（The Giving of Orders）中指出，管理階層與

泰勒寫道，科學管理就是「確切知道要指使人做什麼，然後設法讓他們用最好、但最低成本的方式完成任務。」[2] 這套做法的結果，就如同葛洛夫所說：「俐落明確並且有階級之分：有些人負責發號施令，有些人則不加質疑、奉命行事。」[3]

半個世紀後，當過教授、記者和歷史學者的彼得・杜拉克，對泰勒與福特採取的做法施以重擊，並且提出一種結果導向但人性化的全新理想管理模式。他寫道，公司應該如同社群，「建立在對員工的信任和尊重上，而非只是營利的機器。」他也主張，管理階層設定公司目標時，應該徵詢部屬的意見。此外，他不喜歡傳統的危機管理，提倡善用數據和同事之間的定期對話了解情況，藉此平衡長程與短程計畫。

杜拉克致力於研擬「一種管理原則，能充分發揮個人力量和責任，同時為願景和結果提供共同方向，建立團隊合作，以及調和個人目標與共同福祉。」[4] 他還注意到一項基本的人性現實面：只有參與決策行動方案，人們才比較有可能堅持到底。杜拉克 1954 年的代表著作《彼得・杜拉克的管理聖經》（*The Practice of Management*），將這項原則稱為「目標管理與自我管理」。隨後，它成了安迪・葛洛夫的理論基礎，衍生為我們如今稱為 OKR 的管理方法。

到了 1960 年代，有些具前瞻思想的公司，採用了前述管理理論「目標管理」（Management by Objectives，簡稱 MBO）。當中最重要的是惠普公司（Hewlett-Packard）：目標管理成為著名的「惠普之道」(H-P way)其中一環。跟惠普一樣採用目標管理的公司，將注意力聚焦於少數優先要務，因而創造出非常出色的績效。一項涵蓋 70 份研究報告的整合分析顯示，目標管理參與度高，可以提升生產力達 56%，相較之下，參與度低則僅能提升 6%生產力。[5]

但是，目標管理的局限最終卻形成惡果。許多公司會集中規劃目標，然後由上往下緩慢布達、執行。有些公司則未能及時更新，目標因而停滯發展；或者各部門畫地自限，導致目標混沌不明；又或者目標被簡化為關鍵績效指標(KPI)，淪為沒有靈魂、脈絡的數字。最致命的是，目標管理經常與薪酬和獎金掛鉤。當冒險可能遭受懲罰，誰會想要以身試法？到了 1990 年代，這套方法不再流行，連杜拉克也失去熱情。他說，目標管理「只是又一種工具，不是醫治管理效能不彰的靈丹妙藥。」[6]

測量產量

安迪・葛洛夫的突破在於，將製造業的生產原理，應用在行政、專業知識和管理等「軟專業」(soft professions)領域。他設法「創造重視和強調產量的環境」，並避開杜拉克所稱的「活動陷阱」(activity trap)：「強調產量是提高產能

員工分享權力、合力下決策，方能產生更好的解決方案。當泰勒與福特看到階級制度(hierarchy)，傅萊特則看見了網絡連結(networks)。

的關鍵，設法增加活動卻可能損害產能。」[7] 生產線上的產量與活動很容易區分，然而，當員工的職責是思考，問題就變得棘手。因此，葛洛夫必須與這兩道難題角力：如何定義、衡量知識型工作者的產量？如何提高他們的產量？

葛洛夫是一名科學型管理者，讀遍行為科學和認知心理學的資料，這兩門學問都是當時新興的領域。雖然最新理論提供了「比較好的工作管理方法」（這是相對於亨利・福特的全盛時期而言），大學裡的對照實驗卻顯示，「我們根本不能證明，某種領導方式比另一種好，因此，不得不下此結論：沒有所謂最好的管理方式。」在英特爾，葛洛夫聘僱了跟自己相似的「進取的內向者」。讓他們迅速、客觀、有系統且能永久解決問題。[8] 這群人以葛洛夫為榜樣，擅長正視問題但不抨擊當事人。他們撇開內部政治問題，做出較迅速、明智且相較集體性的決策。

英特爾在營運的各個方面都仰賴系統。而葛洛夫將他的目標設定系統命名為 iMBO，代表「英特爾目標管理」（Intel Management by Objectives），以示自己是受杜拉克啟發。然而，這套方法與標準的目標管理截然不同，因為葛洛夫談到目標時，幾乎都會連結「關鍵結果」（這似乎是他自創的名詞）。因此，為免混淆，我擷取他所用的詞，將這套方法簡稱為 OKR（目標與關鍵結果）。畢竟，這套新方法幾乎每一方面，都與舊方法背道而馳。

表 2-1：MBOvs.OKR

MBO	英特爾的 OKR
「什麼」	「什麼」和「如何」
每年	每季或每月
不公開、各自為政	公開透明
由上而下	由下而上或橫向（最多 50%）
與薪酬掛鉤	多半與薪酬無關
厭惡風險	積極進取

到了 1975 年，我加入英特爾時，葛洛夫的 OKR 系統已全面投入運作，公司每一位知識型工作者，每個月都會擬定個人的目標與關鍵結果。我上完 iOPEC 課程沒幾天，主管便指導我擬定 OKR。當時，我的職責是編寫 8080 微處理器的基準程式，這是 8 位元微處理器市場霸主英特爾推出的最新產品。我的目標在於，證明我們的晶片比競爭對手更快、更出色。

我在英特爾寫的 OKR，多半都已遺失在雲端運算興起前，那段流沙般的時光裡。但是，我永遠忘不了，人生第一份 OKR 的主旨：

目標
證明 8080 的性能優於摩托羅拉 6800。
關鍵結果 （根據下列條件衡量……） 1. 交出五個基準程式。 2. 設計一項示範樣本。 3. 為前線同事製作銷售培訓資料。 4. 訪問三名顧客，證實培訓資料有效。

英特爾的命脈

我記得這份 OKR，是用 IBM Selectric 打字機打出來的。（第一款商用雷射印表機問世，是一年後的事了。）然後，我在辦公桌隔板上貼出紙本資料，同事經過都可以瀏覽。在這裡，你公開自己的目標，還看得到所有其他同事的目標，甚至執行長的目標都開誠布公，我從來沒有在這樣的職場環境工作過。不過，這種做法對我而言極富啟發，有助於了解工作重心，而且還有解放作用。如果有人在季中要我製作新的產品規格手冊，我可以心安理得拒絕，不必擔心後果。因為我的 OKR 能為我背書，清楚列出我的優先要務，而且所有人都能看到。

安迪・葛洛夫領軍的年代，OKR 是英特爾的命脈。每週的一對一面談、兩週一次的員工會議、每月和每季的部門檢討會上，OKR 都是焦點所在。英特爾就是靠這套方法，一方面管理數萬名員工，另一方面以小至微米程度的準確性，蝕刻數百萬條矽線或銅線。半導體製造相當艱辛，不嚴謹就會一敗塗地，導致良率暴跌、晶片失效。而 OKR 能不斷提醒我們的團隊該做什麼，還可以精準告訴我們已達成的（甚至未達成的）任務有哪些。

除了寫基準程式，我也負責培訓英特爾的國內銷售團隊。數週後，葛洛夫聽聞風聲，全公司最了解 8080 的，是一名 24 歲的實習生。於是，他有天便拉住我說：「杜爾，跟我去歐洲吧。」對暑期實習生來說，這真是太令人興奮了。後來，我與葛洛夫夫婦一起去了巴黎、倫敦和慕尼黑，培訓歐洲銷售團隊，拜訪了三家有望成為客戶的大公司，還爭取到其中兩家的訂單。我極盡所能，貢獻自己的力量。當我們到米其林星級餐廳用餐，我發現葛洛夫對酒單瞭如指掌、出手闊綽。在這段旅程中，他開始喜歡我這個人，我對他則是充滿敬畏。

回到加州後，安迪請比爾・戴維多寫信確認，英特爾會幫我保留明年的職缺。那年暑假的經歷使我大開眼界、興奮不已，甚至差點從哈佛退學，因為我認為留在英特爾，可以學到更多企管相關知識。最後，我做了折中安排，回哈佛讀書，但也兼職處理英特爾與迪吉多（Digital Equipment Corporation）的生意，協助說服該公司踏入微處理器年代。我完成最後一個學期的學業後，火速回到聖塔克拉拉，接下來四年都為英特爾效力。

會走路的 OKR：安迪．葛洛夫

1970 年代中期，個人電腦產業誕生，業界各種創意爆發，新創公司輩出。當時，我是英特爾的基層員工，剛起步的產品經理，不過我與葛洛夫有交情。春季某天，我拉他一起開車前往舊金山市政禮堂，到第一屆西岸電腦展逛逛。我們在展場內發現一名英特爾前主管，正在示範最先進的圖形顯示產品「Apple II 電腦」。於是我說：「安迪，我們已經有作業系統、會製造微晶片、也有編譯程式，還得到 BASIC 程式語言的授權，英特爾應該做自己的個人電腦。」然而，我們走過一個個攤位，看著參展者叫賣，兜售一包包塑膠袋裝的晶片和元件，葛洛夫仔細端詳後開口：「呃，這些人是業餘愛好者，我們不做這種生意。」我的遠大夢想就此破滅，英特爾也始終不曾進入個人電腦市場。

葛洛夫雖然不大流露感情，但是個有同情心的領導人。如果他看到一名主管表現不濟，會試著替對方另謀合適的職位（可能是相較基層的工作），並且提供機會，讓對方恢復出色的表現，重新獲得一定的地位和尊重。安迪本來就善於解決問題，有位英特爾歷史研究者就觀察到，他「似乎確切知道自己想要『什麼』，以及該『如何』達成目標。」*[9] 他本人就像是活生生的一套 OKR。

英特爾誕生的年代，正值柏克萊大學言論自由運動盛行，以及舊金山「花童」嬉皮文化興起。當時的年輕人眼中，守時觀念已經落伍了，就連年輕的工程師也是這麼想。英特爾也發現，要讓新進員工準時上班相當困難。於是，葛洛夫提出解方，在公司大廳櫃檯放簽到表，記下早上 8:05 後才進公司的人。我們把這張表稱為「安迪的遲到名單」，葛洛夫每天早上 9 點整，都會準時把它收走。（我遲到的時候，會設法鑽漏洞，在停車場坐到 9:05 才進公司。）我們從來沒聽過有人因遲到而受罰，但是，這張簽到表彰顯了，在這個不容出錯的產業，自律非常重要。

葛洛夫嚴以待人，卻也同樣嚴以律己。他因白手起家感到自豪，所以有時可能顯得傲慢，絕不容忍蠢蛋、開會漫無目的或結構鬆散的企畫書。（他的辦公桌上有一套橡皮圖章，其中一枚刻著「BULLSHIT」，意思是「胡扯屁話」。）他認為，要解決管理問題，最好的方法就是「建設性面質」（creative confrontation），也就是「坦率、直接、理直氣壯」面對相關人士。†

安迪雖然脾氣火爆，卻腳踏實地、容易親近，也樂於接受所有好點子。舉例來說，他曾經對《紐約時報》（*The New York Times*）表示，英特爾的主管「進入會議室前都會放下職等階層的觀念。」[10] 他堅信，每一項重大決定都應該先經

* 請特別注意引文中強調的兩個詞。

† 我們可以觀察到葛洛夫對賈伯斯（Steve Jobs）的影響，他們兩人的關係非常密切而且複雜。

過「自由討論的階段，而且過程本來就應該遵循平等原則。」如果你提出異議並堅定立場，最後又能證實自己的觀點正確無誤，自然就能贏得他的敬重。

我當了18個月的產品經理之後，我的好導師和心目中的英雄，時任系統行銷業務主管吉姆・拉利對我說：「杜爾，如果你想要成為真正出色的總經理，就必須走進市場、賣東西，嘗嘗遭到拒絕的滋味，然後學會達成績效目標。即使你在技術方面天下無敵，但這一行成功與否的標準，還是取決於你的團隊能否達成業績。」

所以，我選擇前往芝加哥。1978年，我和安結婚後，當上國內中西部的技術行銷代表，是我做過最好的工作。我非常享受那段日子，能夠幫助顧客做出更好的透析機器，或是交通號誌控制器。我同樣相當喜歡、也擅長推銷電腦的大腦「英特爾的微處理器」。（老實說，這項能力並非天生，而是承襲自父親羅・杜爾〔Lou Doerr〕。他是一名機械工程師，很愛與人往來，也愛向人推銷東西。）我第一年的銷售目標是100萬美元，實在令人膽寒，不過產品的基準程式都是我寫的，也對程式瞭若指掌，因此得以達成任務。

體驗過芝加哥的工作之後，我回到聖塔克拉拉擔任行銷經理。但是，忽然間，我必須建立一支小團隊，自己招聘部屬、指導他們工作，並且監督他們的表現是否符合期望。我的技能受到考驗，因此更清楚認識到，葛洛夫的目標設定系統是多麼可貴。在這過程中，有一名英特爾主管不時指導我，讓我變得更有紀律、更穩重。而我仰賴 OKR 增進溝通，同時確保團隊完成最重要的工作。這一切都不是自然發生的，再一次、更深層了解 OKR 的過程。

1980 年，凱鵬華盈（Kleiner Perkins）有個機會，能讓我利用自己的技術專長，與新興企業合作。安迪無法理解，為什麼我會想要離開英特爾。(畢竟他把公司看得比一切——或許孫兒除外——都還要重要。) 他有一種神奇的能力，能把手伸進你的胸膛，掏出你的心，捧在手上面對著你。當時，身為英特爾總裁的他說:「別這樣，杜爾，難道你不想成為總經理，真正負責公司的盈虧嗎？我能讓你掌管英特爾的軟體部門。」不過，當時這項業務還不存在，仍待建立。然後，他挖苦我:「約翰，創投不是真正的工作，那不過是房地產經紀人。」

安迪．葛洛夫的遺澤

葛洛夫晚年受巴金森氏症折磨多年，於 79 歲逝世，《紐約時報》稱他為「電腦及網際網路年代中，最受稱頌、影響力最大的人物之一。」[11] 葛洛夫不是戈登．摩爾那樣的不朽理論家，也不是羅伯．諾宜斯那樣的代表性公眾人物，而且發表的著作不夠多，無法像彼得．杜拉克那樣，躋身管理哲學的殿堂，但是，他確實改變了人們的生活方式。1997 年距離葛洛夫在快捷半導體做實驗，已經長達 30 個年頭，他在這一年獲《時代》雜誌選為年度風雲人物，因為「拜他所賜，微晶片的性能和創新潛力，達到驚人的成長。」[12] 安迪・葛洛夫是罕見的混合型人才，也是他那個年代的頂尖技術人，以及最優秀的管理者。我們實在很懷念他。

葛洛夫博士的 OKR 要訣

健康的 OKR 文化關鍵在於：對知識絕對誠實（ruthless intellectual honesty）、無視自身利益和深切忠於團隊。這些特質源自安迪・葛洛夫的品格，而且這套系統能有效運作，有賴他無微不至的做事方式和工程師精神。OKR 是他的遺澤，也是他最有價值、最持久有效的管理方法。以下要訣是我在英特爾時，從葛洛夫這位大師，和他的弟子、我的導師吉姆・拉利學到的：

少就是多。葛洛夫寫道：「精心挑選過的少數目標，可以清楚傳達我們承擔了什麼，又拒絕了什麼。」每個週期最多擬定三至五套 OKR，可以幫助公司、團隊和個人，選定最重要的工作。一般而言，每項目標連結的關鍵結果，應該不超過五項。（參見第 4 章〈超能力 1：專注投入優先要務〉。）

由下而上設定目標。為了增進員工的參與程度，公司應該鼓勵團隊和個人，與主管協商後，擬定大約一半屬於自己的 OKR。如果所有目標都是由上頭設定，再往下布達，將減損員工參與的積極程度。（參見第 7 章〈超能力 2：契合與連結，造就團隊合作〉。）

不強制規定。OKR 是合作式社會契約，用以確立優先要務，界定工作進展的衡量方式。即使公司的目標已不容爭論，關鍵結果仍保有商議空間。因為，要將目標達成的可能性放到最大，關鍵在於集體共識。（參見第 7 章〈超能力 2：契合與連結，造就團隊合作〉。）

保持彈性。如果大環境有所改變，導致某項目標已經不再切合實際，或者失去意義，關鍵結果可以中途修改，甚至屏棄。（參見第 10 章〈超能力 3：追蹤當責〉。）

敢於失敗。葛洛夫寫道：「如果每一個人都努力追求無法輕易取得的成就，產量通常會比較高。如果你希望自己和部屬達到最佳表現，像這樣設定目標的做法極其重要。」雖然某些營運目標務必充分達成，以遠大抱負為宗旨的 OKR，應該令人感到不安，甚至是可能無法達成的。根據葛洛夫的說法，這叫做「考驗能力的目標」，能促使組織更上一層樓。（參見第 12 章〈超能力 4：激發潛能，成就突破〉。）

把它當工具，而非武器。葛洛夫眼中的 OKR 系統：「是衡量進度的工具，就像是把馬表交給當事人，讓他評估自己的表現。它該成為績效考核基礎的官方文件。」為了鼓勵員工承擔風險，防範他們不思進取，

OKR 最好不要與獎金掛鉤。（參見第 15 章〈持續的績效管理：OKR 與 CFR〉。）

要有耐心，也要堅定。每一種流程都需要反覆試驗，從錯誤中學習。葛洛夫曾告訴 iOPEC 課程的學員，英特爾採用 OKR 後也是「磕磕絆絆」。他還說：「我們並未充分理解它的主要目的，但隨著時間推移，我們逐漸進步了。」組織可能需要四、五季的週期，才能充分掌握這套系統，要建立成熟的目標管理機制，則需要更多時間。

第 3 章
英特爾的征服行動

比爾・戴維多
微電腦系統部門前副總裁

我們的第一則 OKR 長篇故事「征服行動」(Operation Crush),是英特爾早年的求生征戰,展示出 OKR 四項完整超能力:專注、契合、追蹤與激發潛能。最重要的是,它證實這套目標設定系統,可以動員多個部門和成千上萬人,為單一共同目標而努力。

我將要離開英特爾時,公司正面臨攸關存亡的威脅。在安迪・葛洛夫領導下,英特爾最高管理階層花費四週,重新擬定了公司的優先要務。OKR 使英特爾得以明確、精準執行作戰計畫,而且速度快如閃電。全體員工迅速轉換跑道,共同聚焦於單一的龐大目標。

早在 1971 年,英特爾工程師泰德・霍夫(Ted Hoff)發明了最初的微處理器,也就是多用途的「單片電腦」(computer-on-a-chip)。四年後,比爾・蓋茲(Bill Gates)與保羅・艾倫(Paul Allen)根據第三代英特爾 8080 處理器設計了程式，就此啟動個人電腦革命。到了 1978 年，英特爾已經開發出第一個、高性能的 16 位元微處理器 8086，而且它已經有現成的市場。但是，不久之後，8086 卻慘敗給兩款晶片，因為它們速度更快、相較容易設計程式，分別是摩托羅拉（Motorola）的 68000，和新興業者 Zilog 的 Z8000。

1979 年 11 月底，英特爾的地區銷售經理唐・巴克奧（Don Buckout）發出一則長達八頁的緊急電報。主管凱西・鮑爾（Casey Powell）將它轉交給安迪・葛洛夫，時任英特爾總裁暨營運長。這份文件讓整家公司警報大作，並且展開「聖戰」。管理團隊一週內便召開會議，正視壞消息。再一週後，精選的專案小組聚在一起，研擬英特爾的反擊方案。小組成員全都認為 Zilog 不至於構成大威脅，但摩托羅拉不只是業界巨擘，也是國際品牌，足以構成明顯且迫切的危險。於是，吉姆・拉利替即將展開的戰爭定下基調：

> 只有一家公司在和我們競爭，就是摩托羅拉。68000 是我們的競爭對手，我們必須打倒摩托羅拉，這是行動的終極目標。我們必須壓垮那些他X的混蛋，我們要輾壓摩托羅拉，確保他們無力再起。[1]

這段話成了征服行動的戰鬥口號，* 此行動的目的在於，恢復英特爾應有的市場領導地位。1980 年 1 月，征服行動團隊帶著安迪・葛洛夫激勵將士的影片，前往英特爾在世界各地的據點。到了第二季，英特爾的銷售人員已全面採用新策略。第三季時，他們看來將達成科技業史上最大膽的目標之一：贏得 2,000 個設計案（也就是爭取到客戶，將 8086 用在產品和裝置中）。同年年底，他們已經擊潰敵人，取得徹底的勝利。

英特爾不曾為征服行動，修改任何一款產品，但葛洛夫和執行團隊，改變了與客戶往來的方式：調整行銷策略，以發揮公司的長處；引導客戶看清長期系統與服務的價值，不再那麼重視短期可用性；不再向程式設計師推銷，轉為以執行長為目標。

在葛洛夫主導下，英特爾微電腦系統部門主管比爾・戴維多，「自願」領導征服行動。比爾在漫長職業生涯裡，曾擔任工程師、業界管理者、行銷專家、創業投資人、思想家和作家，做出許多持久的貢獻。其中一項貢獻我特別珍惜：他賦予英特爾的 OKR 至關緊要的連結橋梁，「以下列標準測量」（as measured by，簡稱 a.m.b.）這個說法。舉例來說：「我們將達成特定目標，並且以下列關鍵結果測量……」，比爾提出的說法，能為所有人明確指出隱含的重點。

2013 年，電腦歷史博物館（Computer History Museum）

* 「征服行動」（Operation Crush）的名稱靈感，源自 1970 年代末，職業美式足球隊丹佛野馬的強力防守策略「Orange Crush」。

主辦的一場小組討論會上，征服行動的老將回憶，結構完整的目標設定方法，對英特爾有多重要，以及目標與關鍵結果如何應用到「戰場前線」。[2] 第 59 頁的征服行動 OKR 範本，是一流的作品：設有時限、內容明確，一一列明要做什麼和怎麼做。而且，最重要的是，它們證實有效。

吉姆・拉利告訴我：「我對目標與關鍵結果存有懷疑，直到葛洛夫坐下來，向我解釋它們的重要性。如果你叫所有人前往歐洲中部，然後有些人朝法國走，有些人去了德國，還有一些人跑到義大利，那就實在很糟糕，因為你其實希望他們去瑞士。如果多個向量都朝著不同方向前進，它們的作用可能完全互相抵銷。但是，如果你能使所有人朝相同的方向前進，就能把效果放到最大。這就是葛洛夫教我的，然後他說我必須向其他人傳授這道理。」

如同比爾・戴維多在本章所述，OKR 是葛洛夫在征服行動中的秘密武器。它賦予龐大且多元的組織動力，和出人意表的靈活性。面對行動一致、目標明確的英特爾，摩托羅拉根本沒有機會勝出。

比爾・戴維多表示……

關鍵結果系統是安迪・葛洛夫塑造行為的方法。他一心一意成就英特爾的偉大，勸阻公司主管擔任其他公司的董事，因為英特爾應該是生命的全部。而目標與關鍵結果，能鞏固員工對公司的承諾。

如果你在管理階層居高位，應該教導別人，這正是安迪當年所做的。OKR 這套方法內置於英特爾的管理系統，但它也是一套哲學，以及影響深遠的教學系統。我們全都被灌輸這個觀念：如果你適當測量，情況將會改善。

我們與安迪一起，在執行主管會議上，寫下我們的最高層目標。我們圍坐在會議桌邊，然後決定：「就是這樣。」我身為部門主管，會將公司所有相關的關鍵結果，當作自己的目標，帶給我的執行團隊。然後，我們在接下來一週內，一起討論這一季將做什麼。

這套系統如此有力，是因為安迪會說：「這是公司要做的事」，然後所有人都將全力以赴，支持公司的行動計畫。

安迪・葛洛夫與比爾・戴維多，攝於 1980 年英特爾總部。

我們是勝利團隊的一部分，都希望公司持續獲勝。

較低階的員工目標與關鍵結果，可能接近他們全部的工作產能。然而管理階層有額外的日常職責。如果我的目標是種出美麗的玫瑰叢，我不問也知道，你希望我同時打理好草坪。我從來不會設定像是「四處走動，激勵員工的士氣」的關鍵結果，我們寫下來的，都是必須特別注意的事項。

英特爾的迫切與效率

1979 年 12 月，我去參加安迪・葛洛夫的執行主管會議，心裡滿是抱怨。我認為微處理器部門，替 8086 爭取設計案時，應該有更好的表現。我希望刺激他們反擊對手，恢復自信。然後，安迪叫我「解決這問題」，所以征服行動成了我的工作。

8086 本身創造的營收不是很多，但卻產生廣泛的漣漪效應。我的部門是販賣設計輔助工具，也就是軟體開發系統，服務對象是使用英特爾微處理器的系統。雖然我們的業務瘋狂成長，但還是得仰賴顧客為產品選用英特爾的微晶片。因為，英特爾以 8086 涉足市場之後，我們也能拿到 EPROM（英特爾 1971 年發明的，可程式唯讀記憶體晶片）、周邊設備和控制器晶片的合約。所有產品共同打造的業績，比起只販賣 8086 大漲約 10 倍。如果 8086 失去市場，我的系統生意也將消失。

因此，此事攸關重大利益。英特爾在記憶體晶片市場贏得名聲後，反而陷入困境。不久之前，我們將 DRAM（使用最廣泛也最划算的電腦記憶體）市場的領導地位，拱手讓給了一家新創企業，而且看來再也無法重拾動能。此外，日本公司也來搞破壞，亟欲搶奪有利可圖的 EPROM 業務。微處理器是英特爾最能寄予厚望的產品，我們必須重奪市場領導地位。我還記得，早期一份簡報的第一頁內容：

> 征服行動的目的：建立急迫感與關鍵動議，動員全公司的決策和行動方案，以處理攸關存亡的競爭挑戰。

我們的專案小組於 12 月 4 日星期二聚首，一連三天，每天討論許多個小時。這是一場智力挑戰，有如解開一道巨大的難題。我們沒有時間重新設計 8086，因此多數時間用在思考應該推銷什麼，以及面對摩托羅拉時，如何重建競爭優勢。

我認為可以藉由創造新的說法來打敗對手。我們必須讓顧客相信，現在選擇採用的微處理器，將是影響未來十年的決定。當然，摩托羅拉也可以說：「我們的指令集比較精簡。」但他們的產品多元性和系統性能，無法和我們相提並論。我們有出色的技術支援，且價格低廉，是他們無法競爭的。我們提醒顧客，如果採用英特爾的周邊設備，自家公司的產品將能更快上市，而且成本也比較低。有了英特爾的設計輔助工具，就連工程師的工作效率都可以提高。

摩托羅拉是一家業務多元的大公司，製造各種產品，從無線對講機到口袋電視都有。英特爾則是技術領先的公司，專注於記憶體晶片、微處理器和支援其他產品的系統。如果遇到技術問題，你會想找誰幫忙？你會指望誰幫助你領先同業？

我們有很多好點子，只是必須設法組織起來，所以吉姆・拉利將它們寫在白板上：「製作一份未來的產品目錄」；「設計行銷方案，用來舉辦 50 場研討會，並向與會者派發產品目錄。」當週星期五，我們已經有一套計畫足以動員整家公司。到了隔週星期二，最高層已經核准包含九大項目的專案，其中一項是數百萬美元的廣告預算，英特爾以前從來不曾這麼做。接下來，一週之內，我們的策略就已傳達至前線銷售團隊，他們都希望早日展開行動。畢竟，是他們提醒我們注意這個危機的。

而這一切都發生在聖誕節之前。

摩托羅拉這家公司運作得極好，但它對於急迫性的反應和我們不一樣。凱西・鮑爾對我們當頭棒喝時，我們兩週之內就做出反應。我們對摩托羅拉當頭棒喝時，對方的反應就慢得多。該公司一名主管告訴我：「你們展開行動所花的時間，還不夠我用來申請一張從芝加哥飛往亞利桑那的機票。」

英特爾非常擅長在擬定籠統的大目標後，將它們轉化為多方協調又可行的方案。我們的九大項目每一項都成了公司的關鍵結果。下列圖表出自 1980 年第二季，英特爾征服行動的公司 OKR，以及工程部門的相關 OKR：

英特爾的公司目標

證明 8080 的性能優於摩托羅拉 6800。
確立 8086 於 16 位元微處理器系列產品，
占有最高性能地位，此結果由下列標準測量：

關鍵結果（1980 年第二季）

（根據下列條件測量……）

1. 設計和發表五個基準程式，證明 8086 系列的傑出性能（應用）。
2. 重新包裝 8086 全系列產品（行銷）。
3. 將 8MHz 元件投入生產（工程、製造）。
4. 6 月 15 日前完成算術協同處理器（arithmetic coprocessor）抽樣工作（工程）。

工程部門目標（1980 年第二季）

5 月 30 日前交 500 顆 8MHz 8086 晶片給 CGW。

關鍵結果

1. 4 月 5 日前完成最後一版晶片投影。
2. 4 月 9 日提供第 2.3 版的光罩給工廠。
3. 5 月 15 日前完成料帶測試。
4. 5 月 1 日前開始抽樣檢查。

迅速改變方向

新年一開始，羅伯・諾宜斯和安迪・葛洛夫就在聖荷西凱悅飯店，主持了征服行動的啟動儀式。他們給英特爾管理團隊的指示簡單明瞭：「我們要征服 16 位元微處理器市場，而且下定決心必定達成目標。」安迪告訴我們要做些什麼，以及為什麼這麼做，還提醒我們，完成任務前，都必須視征服行動為優先要務。

現場有將近 100 人。羅伯和安迪的訊息立刻觸及兩階層管理人員，24 小時內觸及第三層，消息傳得極快。英特爾當時是年營收接近 10 億美元的公司，卻能迅速改變方向。我至今都不曾再在業界見過類似的情況。

如果沒有關鍵結果系統，這是不可能發生的。如果安迪主持聖荷西會議時沒有這個系統，怎麼可能同時啟動征服行動的所有項目？我常看到有人開完會後表示「我將征服世界」，然而三個月後，什麼事都沒發生，這種情況我都不知見過多少次了。你激發了員工的熱情，但他們不知道該拿這股衝勁做什麼。面臨危機時，你需要一個推動轉變的系統，而且速度要快，這就是關鍵結果系統對英特爾的作用。它提供管理階層迅速執行的工具，當員工回報工作結果時，我們也有非常明確的評估標準。

征服行動是以環環相扣的 OKR 構成的，主要由頂層主導，但也採納下級的意見。在安迪・葛洛夫甚至是我身處的階層，都不可能鉅細靡遺知道如何打贏這場仗。大部分的具體做法，要靠前線和基層決定。畢竟，你可以叫人清理髒亂，但連用什麼掃把都要下指示嗎？當最高層說：「我們要打垮摩托羅拉！」基層的人則可能說：「我們的基準程式很差，我可以寫一些比較好的。」這是我們的運作方式。

更大的利益

英特爾維持了六個月的備戰狀態。在此期間，我位居後勤，沒有發號施令的職權，但是需求總是不虞匱乏，因為整家公司都知道，安迪非常重視這項行動。各部門交回的關鍵結果中，幾乎看不到任何異議，公司上下同舟共濟。於是，我們立即調整資源配置，而且我甚至沒有預設預算金額。

征服行動最終涉及最高管理層、整支銷售團隊、四個不同的行銷部門，以及三地據點，所有人團結一心。* 英特爾與眾不同之處在於，它十分「不政治」(apolitical)。所有主管都願意為了更大的公司利益，將自己小小的勢力範圍拱手讓人。舉例來說，當微處理器部門製作未來的產品目錄時，可能注意到：「慘了，我們少一款周邊產品。」接著，消息會傳到周邊產品部門，工程資源將相應調整。銷售部門將組織研討會，但他們也仰賴應用工程師、行銷部門和我的部門幫忙。企業傳播部門則向公司各部門收集文章，轉給業界媒體。整個組織皆為此而努力。

* 當時，英特爾有2,000名員工，其中半數已投入行動，其他人則待命。

INTEL CORPORATION
3065 Bowers Avenue
Santa Clara, California 95051
(408) 987-8080

致：英特爾所有銷售工程師

發信人：安迪・葛洛夫

主題：征服行動

征服行動是我們歷來最大、也最重要的行銷進擊行動。它之所以大，在於我們決心很大，把它擺在公司頭號關鍵結果；它之所以大，在於我們投入的人力很大，光是未來六個月就將投入 50 人一年的產能；它之所以大，在於它對英特爾的營收影響很大，攸關未來三年超過一億美元的營收。

不過，征服行動的重要性，並非僅限於規模和業務影響力。以策略面而言，此次行動的成就將突顯出，我們的事業已經完成重大的演進，而且將繼續進化。我們希望英特爾藉由超大型積體電路（VLSI）奠定地位，成為提供完整的電腦系統解決方案的供應商。未來 18 個月內，我們將發表的 4 核心 CPU、15 款週邊裝置、25 款軟體產品和 12 款系統層級產品，是此策略最實在、最有意義的見證。「征服行動」正是針對這項策略的宣示。

各位身為英特爾的銷售工程師，付出的貢獻攸關征服行動的成敗。我們指望各位在下列兩大領域鼎力相助：

- 推銷我們的微電腦完整解決方案。請利用這本手冊和後續資料，引出顧客的需求，買下完整且一體，並且包含硬體和軟體的微電腦解決方案，而非只是以成套元件販售。
- 充分利用英特爾的各種資源，爭取現有的設計案。主動擬定行動方案，好好利用本文件所附的征服行動相關資源。

在各位的努力下，我深信征服行動將成功，1980 年代的英特爾也將成功！

1980 年 1 月，安迪・葛洛夫針對征服行動發出的指示。

我回想征服行動時，仍難以相信我們成功了。我想我們能從中學到一課：文化很重要。安迪總是鼓勵員工，要向管理階層反映問題。當前線工程師告訴主管：「你們這些笨蛋，根本不明白市場現況。」短短兩週之內，整家公司由上而下就重新調整了步伐，而且所有人都認為：「舉報者說得對，我們應該改變做法。」這整起事件的關鍵在於，唐・巴克奧和凱西・鮑爾相信，自己可以暢所欲言，不會因此受到懲罰。若非如此，征服行動將不復存在。”

安迪・葛洛夫總是習慣做個總結發言，所以我們就在這裡，把機會讓給他。葛洛夫曾寫道：「壞公司遭到危機摧毀，好公司挺過危機摧殘，優秀的公司則因危機而更上一層樓。」征服行動正是絕佳範例。1986 年，英特爾放棄了風雨飄搖的記憶體晶片業務，全力投入微處理器市場。同年，8086 已經奪回 85％的 16 位元市場。改良版的 8088 價格低廉，成為 IBM 第一台個人電腦的處理器，英特爾因此名利雙收，而個人電腦平台也得以標準化。如今，數百億個微控制器，都是根據英特爾的設計架構持續運作，遍及電腦、汽車、智慧型恆溫器和血庫離心機等設備。

而如我們所見，如果沒有 OKR，這一切都不會發生。

第 4 章
超能力 1：專注投入優先要務

人的本性，其實主要展現在做決策時，而非呈現於能力上。

——J.K. 羅琳

衡量最重要的事始於這道提問：未來三個月（或半年、一年），最重要的是什麼？成功的組織懂得聚焦，專注處理少數會形成重大影響的事，沒那麼緊急的，則延後處理。領導人會以文字和行動，展現出對於決策的承擔。他們會堅決為少數營收 OKR 背書，因此能賦予團隊指路羅盤，和一套評估表現的基準。（即使決策有誤，也可以隨著結果出爐，而加以糾正。如果不做決定，或倉促放棄，則學不到任何東西。）我們近期的優先要務是什麼？員工應集中精力在哪些事情上？透過最高層的嚴謹思考，與領導人投入時間、精力選擇真正重要的任務執行，有效的目標設定系統才得以就此展開。

要從一長串目標選出幾項總是充滿挑戰，但這件事非常值得去做。因為，任何一位經驗豐富的領導人都會告訴你，沒有一個人或一家公司可以「什麼都做」。認真選出一組

OKR，就能突顯出有哪幾件事（而且是真正重要的事）必須按照計畫、準時完成。

一開始……

高層領導團隊對整體組織層面的 OKR 責無旁貸，必須親自投入執行過程。

他們從哪裡開始？如何決定哪些事才真正重要？在 Google，高層領導團隊可以根據使命宣言行事：匯整全球資訊，供大眾使用，使人人受惠。Android、Google 地球、Chrome，以及全新經過改良的 Youtube 搜尋引擎，這些產品和數十項其他產品都是同根生。每一項產品的開發動力，源自公司創辦人和執行團隊，他們利用目標與關鍵結果，清楚宣示焦點和決心。

但是，好點子不會受到階級限制。最強大又能激發活力的 OKR，往往是由前線工作者所貢獻。里克・克勞（Rick Klau）擔任 YouTube 產品經理時，負責網站的首頁。這是全球訪客流量第三大的網頁，但問題是，登入的用戶少之又少。而選擇不登入的用戶，錯過了許多重要功能，例如儲存影片和訂閱頻道。世界各地數以億計的用戶，因此無法享受 YouTube 的大部分價值，同時，YouTube 也錯失許多極其寶貴的資料。為了解決這項問題，里克的團隊擬定了一套為期六個月的 OKR，以改善網站的登入體驗。他們向 YouTube 執行長薩拉・卡曼加（Salar Kamangar）提出建議，卡曼加則找 Google 執行長賴瑞・佩吉商量。賴瑞定下決策，將這套 OKR 提升為 Google 全公司的 OKR，並加上附加條件，期限將從六個月縮為三個月。

里克說，OKR 一旦提升至最高層級，「公司所有人的眼睛，就緊盯著你的團隊，那數目不容小覷！我們不知道該如何在三個月內達成目標，但我們知道，能負責公司層級的 OKR，代表工作很受重視。」賴瑞如此重視一名產品經理的目標，等同向其他團隊宣示了重要性。所以，如同英特爾在征服行動中的表現，Google 所有人都積極幫助里克的團隊。最後，YouTube 團隊準時完成工作，只不過成果晚了一星期才發布。

無論領導階層如何選定公司的最高層級目標，他們也必須設定自己的目標。一如價值觀不能靠備忘錄布達，[*1] 結構完整的目標設定，也不會因為命令而就此扎根。本書第 6 章將提到，Nuna 公司創辦人金吉妮（Jini Kim，音譯）是經過慘痛教訓才認識到，OKR 要有效運作，領導階層必須在口頭和行動上，公開宣示決心。如果執行長說：「我的所有目標都是團隊目標」，就是個警訊，因為說得一嘴好 OKR 是不夠的。軟體公司 Intuit 已故前執行長比爾・坎貝爾（Bill Campbell），是相當優秀的人才，曾指導 Google 執行團隊，他指出：「如果你是公司的執行長或創辦人，就必須宣誓『這是我們要做的事』，然後以身作則，否則，沒有人會真的付諸行動。」[2]

清楚溝通

為了做出明智的決策，激發團隊精神和傑出的績效，整體組織必須清楚了解最高層級的目標。但是，每三家公司就有兩家承認，他們未能始終如一傳達這些目標。[3] 有項調查訪問了 11,000 名高階主管與經理，結果，多數受訪者無法說出公司的首要任務，只有半數至少說得出其中一項。[4]

領導階層必須清楚說明「為什麼」以及「要做什麼」，因為，員工不能只靠目標驅策動力，他們也渴望意義，渴望了解自己的目標與公司的使命有何關係。溝通過程不能止於在季度全體會議上，宣佈最高層級的 OKR。一如 LinkedIn 執行長傑夫・威納（Jeff Weiner）常說的：「當你說到連自己都厭煩時，人們才開始聽進你的話。」

關鍵結果：必要的條件

「目標」與「關鍵結果」是目標設定的陰與陽，它們是原則與實踐，也是願景與執行。目標比較偏重理想和遠見；關鍵結果則比較貼近現實、以度量為導向，通常涉及一個或多個明確的指標數字，例如營收、成長率、活躍用戶數、品質、安全性、市占率和顧客參與等。而杜拉克指出，為了取得可靠的進展，管理者「必須能夠以目標為標準，衡量績效與結果。」[5]

---

* 此觀點出自葛洛夫，收錄在他的著作《葛洛夫給經理人的第一課》。

換句話說，關鍵結果是你為了達成目標，而拉動的操縱桿、取得的成就。如果目標設定得好，再配合三至五項關鍵結果，通常就足以達標；關鍵結果太多，反而可能分散注意力，並且模糊了進展。此外，每一項關鍵結果都必須具有挑戰性，如果你很肯定可以達成某項關鍵結果，表示你的標準可能太寬鬆。

什麼、如何、何時

OKR 會衝擊既有制度，所以由易至難漸漸引進，可能比較可行。有些公司改革目標設定程序時，會從年度目標開始實施，例如，從私人目標改為開誠布公，由上行下效漸趨共同決策。不過，最好的做法可能是並行的雙軌制度，以著重此時此地的短線 OKR，支援年度 OKR 和長遠的策略。但請記住，推動實際工作的是短線目標，它能使年度計畫得以切實執行。

明確的期限能強化專注力與投入程度，而且，沒有什麼事物比截止期限，更能推動我們前進。組織為了贏得全球市場，必須比以往任何時候都來得靈敏。根據我的經驗，季度 OKR 最能配合如今快速變化的市場。以三個月為期限設定目標，可以避免拖延並提升實質表現。安迪・葛洛夫在他的領導聖經《葛洛夫給經理人的第一課》（*High Output Management*）中指出：

> 回饋要有效，必須在所測量的活動發生後，很快就收到反饋。因此，(OKR) 制度必須設定爲期較短的目標，舉例來說，如果我們以年度爲基礎規劃工作，相應的（OKR）週期頻率至少應該是每一季，甚至是每個月。[6]

不過，OKR 的週期長度，其實沒有放諸四海皆準的絕對值。舉例來說，工程團隊為了配合開發速度，可能選擇以六週為 OKR 週期。對於仍在尋求產品與市場契合（product-market fit）的草創企業，以單月為週期則比較合適。能與組織的業務脈絡和文化相契合的，才是最好的 OKR 制度。

配對關鍵結果

臭名昭彰的福特平托汽車（Ford Pinto）的歷史，彰顯了單向 OKR 的危害。1971 年，福特汽車在經過一場流血廝殺，被省油的日本和德國汽車搶走不少市占率後，推出平托這款價格實惠的超小型（subcompact）汽車。為了滿足執行長李・艾科卡（Lee Iacocca）野心勃勃的要求，產品經理在規劃和開發過程中，略過了某些安全考量，例如新車款的油缸，距離脆弱的後保險桿只有六吋。

福特的工程師都知道，平托汽車是個容易起火的瑕疵品。但是，艾科卡強硬推動以市場與指標導向的目標，「重量低於 2,000 磅，價格低於 2,000 美元」。而且，「根據撞擊測試，一片一磅重、一美元的塑膠，就能防止油缸遭穿刺，但公司以增加重量和成本為由，斷然否決這項提案。」[7]公司內部的平托綠皮書中，列出三項產品目標：「真正超小型」（尺寸、重量）、「擁有成本低廉」（定價、耗油量、可靠度、可服務性）與「明顯的產品優越性」（外觀、舒適度、特色、駕駛與操控性、性能）。然而，清單中完全看不見安全考量。[8]

結果，數百人死於平托車款的追撞事故，數千人因而受重傷。1978 年，福特為此付出代價，總共召回 150 萬輛平托和姊妹車款 Mercury Bobcat，打破汽車史上的召回規模紀錄，公司的財務狀況和名譽，亦受到應得的打擊。

以後見之明來看，福特不缺目標或關鍵結果。但是，目標設定過程有致命的缺陷：「達成具挑戰性的明確目標（上市快、省油、低成本），卻犧牲了未列明的其他重要因素（安全性、道德與公司名譽）。」[9]

近年的一則警世故事，出自富國銀行（Wells Fargo）。該公司因為不顧後果的單向銷售目標，而爆出盜開帳戶醜聞，至今仍深受衝擊。分行經理因為業績壓力驅使，替顧客開了數百萬個帳戶，不僅沒得到他們同意，也並非他們所需。其中某個案例中，一位經理十多歲的女兒有 24 個帳戶，丈夫則有 21 個帳戶。[10]醜聞爆出後，超過 5,000 名員工遭到開除，銀行的信用卡和支票帳戶業務，萎縮了一半或一半以上。富國銀行品牌遭受的損害，甚至可能已無法修補。

OKR 的野心愈大，忽視某項關鍵標準的風險則會愈高。如果想在追求產量之餘確保品質，方法之一如葛洛夫在著作《葛洛夫給經理人的第一課》中寫道，要配合關鍵結果同時衡量「效果與反效果」。葛洛夫指出，關鍵結果如果以產量為焦點：

> 與之相配合的關鍵結果，應該強調工作品質。因此，就應付帳款而言，憑證的數量應該與查帳時或供應商發現的錯誤數量相對應。另一個例子是，大樓管理團隊清潔了多少地方，應該配合辦公室高層對清潔工作品質的評價。[11]

表 4-1：配合關鍵結果兼顧量與質

產量目標	品質目標	結果
三項新功能	品保測試中，每項功能少於五個錯誤。	開發人員將寫出較好的程式。
第一季營收 5,000 萬美元	第一季維修合約達 1,000 萬美元	銷售人員的持續關注，將提高顧客成功率和滿意度。
10 次業務拜訪	兩份新訂單	改善客戶開發品質，以達成新訂單要求。

優秀 vs. 完美

Google 執行長桑德爾・皮蔡曾告訴我，他的團隊常在設定目標的過程中「苦惱不已」：「有時候光是一行 OKR，就可能讓你苦思一個半小時，以確保我們致力所做的事，對用戶是有益的。」這是難題之一，不過，根據伏爾泰（Voltaire）的說法：別因強求完美，而使好事難成。* 記住，OKR 在執行過程中，隨時可以修改甚至屏棄。有時候，目標設定後數週或數月，「正確的」關鍵結果才會顯現。OKR 本質上是進行中的工作任務，不是鑿在石頭上的教條。

設定目標的幾項基本原則，如下所列：關鍵結果應該簡潔、明確並且可以測量；結合產出與投入將有所幫助；最後，完成所有關鍵結果時，必須同時達成目標，否則就稱不上是一組 OKR。†

表 4-2：三種 OKR 品質

差	一般	出色
目標： 贏得印地 500 大賽 **關鍵結果：** 1. 提高圈速 2. 縮短進站時間	**目標：** 贏得印地 500 大賽 **關鍵結果：** 1. 提高平均圈速 2% 2. 縮短平均進站時間 1 秒	**目標：** 贏得印地 500 大賽 **關鍵結果：** 1. 提高平均圈速 2% 2. 完成 10 次風洞測試 3. 縮短平均進站時間 1 秒 4. 減少進站失誤 50% 5. 每天練習進站 1 小時

少即是多

對賈伯斯而言：「創新意味著對 1,000 件事說不。」多數情況下，季度 OKR 的理想數量，最好介於三至五組之間。我們可能會想容納更多目標，但這麼做通常是錯的。目標太多會模糊焦點，錯失真正重要的事物，或者導致我們分心，追逐其他華而不實的東西。健康與健身 app「MyFitnessPal」執行長李邁克（Mike Lee）表示：「我們寫下過多目標，想完成的任務太多，輕重緩急也不夠清楚。因此，我們決定試著少設一些 OKR，同時確保定下的 OKR，都是真正重要的。」

身處英特爾時我自己發現，對個人來說，經由嚴格篩選的目標設定系統，是防止工作超載的第一道防線。員工一旦與主管討論，並且確立了當季的 OKR，往後要增加任何目標或關鍵結果，都必須配合既有計畫衡量「新目標與既有目標相比，有何差異？」「是否應該放棄某些原定任務，挪出資源給新的目標？」運作良好的 OKR 系統中，上級下令「多做一點」的情況將不復存在。因為提問已取代命令，而且要問的問題只有一個：「最重要的是什麼？」

設定目標時，安迪・葛洛夫堅持少即是多的原則：

---

* 又或者如雪柔・桑德伯格（Sheryl Sandberg）所言：「完成任務比完美更重要。」

† 較完整的執行程序，可參考附錄 1〈Google 的 OKR 手冊〉。

> OKR系統必須提供的唯一重要貢獻，就是專注。爲了達到這項功能，目標絕對不能多。……每定下一項目標，就失去追求其他事物的機會。當然，這是分配有限資源時，必然無可避免的後果。制定計畫的人必須夠勇敢、誠實和自律，能夠放棄也能提出計畫，懂得搖頭說不也能微笑說好……我們必須理解並且依此行動：如果試圖專注在所有事上，就是沒有一件事專注。[12]

最重要的是，最高層級的目標，必須是相當關鍵的。畢竟，OKR既非無所不包的願望清單，也不是團隊日常任務的總表。而是一組精心策劃的目標，值得特別注意，於此時此地推動人們前進。這些目標和我們期望的更大目的緊密相連。葛洛夫曾寫道：「管理的藝術在於，能從眾多看似相差無幾的重要活動中，選出一、兩項或三項最有效的，然後集中處理它們。」[13]

又或者，如賴瑞・佩吉所言，成功的組織必須「用多一點木材，做好少數幾支箭」（put more wood behind fewer arrows）。這句話精簡概括了OKR第一項超能力的精髓。

第 5 章
專注：Remind 的故事

布雷特・科普夫
共同創辦人

人人都知道，美國教育體系需要援助。布朗大學的研究指出了一項可行的方法：改善教師與學生家庭的溝通。如果暑期學校教師每天致電或傳訊息到學生家裡，六年級學生完成的功課將增加 42％。課堂上的參與程度，則會增加接近一半。[1]

數十年來，許多公司將科技技術引進校園，希望藉此提高學生的成績，可惜徒勞無功。但是，突然間，無人聞問的情況下，美國數千萬名學生走進教室時，口袋裡都有一件能帶來變革的科技產品。拜無所不在的智慧型手機所賜，文字簡訊成為青少年最流行的溝通方式。新創企業 Remind（意為「提醒」）因此找到市場機會，為校長、教師、學生和家長，創造牢靠又實用的文字通訊系統。

專注對選擇正確的目標至關緊要，要為 OKR 去蕪存菁時，也同樣重要。為了確保教師、學生和家長，能在安全、牢靠的環境傳遞文字訊息，布雷特・科普夫（Brett Kopf）在建立 Remind 的過程中，發現專注的迫切性。這家公司利用 OKR，專注處理優先要務，藉此服務數百萬名美國未來的主人翁。

布雷特和我第一次相見時，他服務顧客的熱情打動了我。他的新創企業著重為教師提供細膩的服務。我永遠忘不了，走進他小巧的工業風辦公室後，看到洗手間洗臉臺上方的鏡子上，貼著一張公司目標清單。這在在顯示，他把目標看得非常重要。

我發現，布雷特非常擅長辨明優先要務，和爭取別人的支持。2012 年，他與哥哥大衛（David Kopf）榮登《富比世》雜誌（*Forbes*）「教育領域 30 位 30 歲以下才俊」得主殊榮。但是，隨著公司規模加速擴大，他們需要更多專注，而 OKR 能確保已經展開的事業，得以延續下去。

“布雷特・科普夫表示……

我在伊利諾州斯科基（Skokie）長大，上課時總是難以集中注意力。如果可以四處走動，倒沒什麼問題，但坐在書桌前對我來說是種折磨。一堂 40 分鐘的數學課，像是永遠不會結束似的。我是那種總是招惹鄰近同學，或吹著紙團的小孩，就是無法專心上課。

五年級時，我接受測試，醫生診斷我患有注意力不足過動症（ADHD）和讀寫障礙（dyslexia）。組織字詞對我來說不容易，數字甚至更困難。

我父母都是創業者，看著他們早上五點就起床工作，我也拚命努力，但成績一直吊車尾，自信也因而喪失跌落谷底。升上高中後，我的學校在芝加哥北部，情況變得更糟。當同學說我蠢時，我覺得他們說得對。

到了三年級，丹妮絲・懷特斐（Denise Whitefield）老師開始一對一輔導我，就此改變了我的人生。她每天都會先問我：「你今天要做什麼？」我就一一細數待辦事項：一份歷史作業、一篇英文作文，以及準備數學測驗。接著，她就會說出非常睿智的話：「來吧，我們選一樣來討論。」我們每次只專注處理一件事，直到我做完。她還會鼓勵我：「繼續努力就對了，你可以的。而且，我整天都在。」我慌亂的心因此平靜下來。上學對我來說一直不容易，但我開始相信自己應付得來。

每個星期，我媽都會與懷特斐老師通話，每個月也至少到訪學校一次。她們目標一致、合作無間，無論如何都不會放棄我。毫無疑問，我並未充分認識到，她們保持聯繫有多重要，但如此合作播下了種子。

雖然我的成績有進步，但大學入學考試 ACT 測驗，對 ADHD 患者來說，實在非常恐怖，因為我得回答 600 題，還要坐著不動四小時。但是，我還是考上密西根州立大學，達成第一次重大勝利。

當人們試圖解決教育體系的巨大難題，通常會先檢討課程或「問責」，也就是看考試分數。卻忽略了人與人之間的聯繫，而這正是我們公司重視的環節。

教育版本的推特

一如許多事業，Remind 始於個人的問題。大學一年級時，學業截止期限和時間表使我無所適從，教授似乎都是隨興改變安排。我失去高中的支援系統，試了三門主修都失敗，最後才確定主修農業經濟學，因為這是我能找到最容易的主修。但是，每個學期我還是必須修五科，而每科可能有 35 次作業、測驗和小考。要讀好大學，關鍵是做好時間管理。我該何時開始寫那篇 10 頁的政治學論文？化學期末考應該如何準備？所有事都有關動態的目標設定，但我一直犯錯。

大三時，我面臨關鍵時刻，不得不有所行動。當時，我為了一篇報告耗盡心力，結果得到差強人意的分數。雪上加霜的是，我必須用筆電，在老舊的網路系統中，費勁找出我那差勁的成績。我與朋友可以用黑莓機（Blackberry）以文字即時通訊，為什麼學校的資料，不能同樣垂手可得？又為什麼教師不能利用智慧型手機，隨時隨地與學生保持聯繫？我很想做些什麼，幫助像我這樣的孩子。於是，我打電話給哥哥大衛他當時在芝加哥的大型保險公司，從事網路安全方面的工作。我說：「你有 24 小時可以考慮，要不要跟我合創這家公司。」五分鐘後，他回電說：「好吧，我加入。」

有兩年時間，大衛和我在黑暗中摸索。我們不懂技術，對產品開發和營運更是無知。（我僅有的社會經驗，就是曾在卡夫食品公司實習，主要負責管理餅乾庫存。）我們隨機找到一群學生，願意提供課程資訊，於是我將資料輸入大衛設計的 Excel 巨集中，適時發送訊息到他們的手機裡，例如：「布雷特・科普夫，明早 8 點歷史概論課有測驗，別忘了溫習。」這套系統非常原始，也無法擴大規模。但是，對於包括我在內的數百名活躍用戶來說，它是有效的。在這過程中，我從密西根州立大學畢業了。

2011 年初，我搬到芝加哥，全副精神都放在開發我們的 app。大衛和我拿著親友提供的三萬美元，全力投入創業，每晚都吃義大利麵。然而，我們失敗了，因為我傲慢自大。我們耗費大量時間，與潛在投資人見面，製作複雜的網站示意圖，沒有花時間了解教師的問題。我們還沒有專注在真正重要的事情上。

我們的公司只剩下數百美元資金時，得到矽谷專攻教育市場的創業加速器 Imagine K12 支持，得以起死回生。我們的使命宣言大概如下列：「Remind101：這是一套安全的系統，能讓教師傳訊息給學生和家長。我們以簡訊為賣點，正在建構教育界最強大的溝通平台，就像教育版的推特那樣。」美國有數百萬學生和我一樣，都面臨學習問題，也有無數教師正費心費力幫助他們。我想我夠大膽，也可能過於天真，認為我們可以為此做些什麼。

再過 90 天，就是示範日（Demo Day），於是大衛辭去工作，我們搬到了矽谷，還學到創業者的三個口號：

- 解決一個問題。
- 創造一種簡單的產品。
- 與用戶對話。

大衛將自己關在房間裡，自學程式設計，我則專注於一個為期 10 週的目標：訪問 200 名美、加的教師。（我想這是我的第一組 OKR。）我在推特上接觸了 500 名教師後，安排了 250 次一對一的訪問，這超過了我的目標。一旦接觸的第一線教育工作者夠多，很快就會發現，放學後如何與學生和家長保持聯繫，是教師覺得最棘手的任務之一。放學鐘聲響起時，許多教師還忙著在學生肩膀上，貼上寫著「明天交功課」之類的便利貼。這樣的情況能否有所改善？

傳統的電話聯繫網（phone tree）和家長同意書（permission slip），不僅耗費人力資源，也不那麼可靠。然而，讓 30 歲的教師與 12 歲的孩子，直接以傳訊息聯絡，又可能惹上麻煩。教師需要一個牢靠、不會洩漏個資，而且好用又私人的平台。此外，他們的工作負擔必須減輕，而非增加。

到了第 15 天，我們構思出粗略的 Remind 試用版。我在一張影印紙上，手繪手機與電子郵件符號的地方，潦草寫上：「學生可以收到你的訊息」。下方再列出三個選項：「邀請」、「列印」、「分享」。接著，我透過 Skype 聯絡上一名教師後，拿出這張紙、靠近視訊鏡頭，再對他說：「你可以打上想發給學生的任何訊息，再按個鍵，但學生不會看到你的手機號碼，或社群網站上的個人資料。」後來，我如法炮製無數次，另一頭的教師都很興奮，而且每一個人都是如此。他們說：「天啊，這可以幫我解決一個超級大問題！」

大衛和我因此知道，我們做對了。

小本擴張

到了第 70 天，我們的軟體已經準備好。教師可以在網路上申請，建立虛擬「班級」，然後提供專用號碼給學生和家長，以便展開文字通訊。公司迅速擴張，服務推出三週內，就累積了 13 萬則訊息，這實在是好跡象。我們還得到每家新創公司都夢寐以求的：形狀像曲棍球棒的成長曲線圖。示範日當天，我走進一間熱鬧的大房間，在場的有另外 11 家新創企業代表，和 100 名投資人。我有兩分鐘推銷，還有接下來兩小時熱烈的交流時間，我向至少 40 人遞出了名片。

業務成長很花錢，所以 2012 年初，我們兄弟倆負債一萬美元。不過，米莉安・里維拉（Miriam Rivera）和克林特・柯佛（Clint Korver）的創投公司 Ulu Ventures，提供了三萬美元種子資金，及時救了我們。隨後，曼尼許・艾羅拉（Maneesh Arora）也投入資金，他就是 Google 的產品經理，後來創立了 MightyText，我也拜他為導師。就憑著這些微薄的種子資金，Remind 瘋狂成長。有時候（其實是多數時候），情況就像魔法師的學徒，變動得極快、還很失控。我們曾經在一天內增長八萬名新用戶，而且當時公司才五人，其中只有兩名工程師。至此，我們還沒花一毛錢做行銷。我向老師徵求反饋，他們則將訊息傳給 50 名同業。由於服務是免費的，我們不需要學區核准。

我們的目標一直都謹守對品質的要求，直到 2013 年秋天，用戶數突破 600 萬，在 A 輪募資中獲得查馬斯・帕里哈皮蒂亞（Chamath Palihapitiya）和 Social+Capital Partnership 支持。曼尼許本來就一直敦促我們，提供更多數據為決策背書，而查馬斯則示範，如何用一張紙描繪整體情況。此外，他也教我們分辨，什麼是非必要的，例如我們的註冊用戶數。畢竟，如果教師註冊 Remind 後不回來使用，那有什麼意義呢？

約翰・杜爾在我們的辦公室洗手間看到的目標，已經是比較具體的版本。我們列出三項指標：每週活躍教師人數、每月活躍教師人數與留客率。

此外，我也加入了幾項季度目標，例如：遷移資料庫、開發 app 與聘請四名員工。我希望公司裡所有人，都知道我們正在做哪些事。

當時，我們的工作室是附有一間臥房的工業風公寓，公司長期困窘於工程師不足，差點沒辦法讓行動 app 上架、運作。但是，約翰看得出來，我們正集中精力做最重要的事。我們的目標清清楚楚、可以量化，而且打從一開始，就非常重視教師的需求。

到了 2014 年 2 月，就在我們完成由凱鵬華盈（Kleiner Perkins）牽線的 B 輪募資前，約翰向我們介紹 OKR。他告訴我們，英特爾、Google、LinkedIn 和推特都在使用這套方法，它可以幫助我們持續專注，並且引導、支持與追蹤我們走的每一步。我心想：「為什麼不試試？」

Remind 共同創辦人布雷特・科普夫（左 1）、大衛・科普夫（右 1），克林頓戴學區（Clintondale Community Schools）共同總監美樂妮・嘉吉（Meloney Cargill，左 2）和唐恩・桑契絲（Dawn Sanchez，右 2），合影於 2012 年。

成長目標

同年 8 月，忙碌的開學季最關鍵的一段日子裡，Remind 的 app 爆量成長，每天有超過 30 萬名學生和家長下載，我們在蘋果應用程式商店高居第三名！秋季學期接近尾聲時，Remind 突破了 10 億則訊息的里程碑，營運必須迅速擴展，每一個部門都是。我們設定的目標沒有一項稱得上獨特迷人，但每一項都非常必要。

我們開始運用 OKR 時，公司只有 14 人。短短兩年間，員工增加至 60 人，大家無法圍著一張桌子，協商下一季的優先要務。OKR 對這間公司極有幫助，所有人都得以專注於帶領公司更上一層樓的工作。我們為了在期限內完成關鍵任務，達成教師參與度的目標，必須延後其他許多任務。不過在我看來，你每次只能真正做好一件大事，所以最好知道該做哪件事。

舉例來說，至今為止，最多用戶要求的是，重複提醒的功能。好比某位老師想提醒他的五年級學生，把他們正在閱讀的小說帶到學校，但是他希望不必重發訊息，就能在每週一早上跳出提醒。這項功能非常典型，可以取悅用戶，但它值得動用工程師，又列為公司的最高層級任務嗎？它能否促成顯著的用戶參與度？如果答案為否，我們就擱置它，即使這對重視教師的我們公司來說，是個艱難的決定。如果沒有新的目標設定紀律與專注，我們可能無法堅守原則。

目標
協助公司招聘人才。
關鍵結果 1. 聘請一位財務和營運總監（面談至少三名應徵者）。 2. 找到一位產品行銷經理（本季內面談五名應徵者）。 3. 找到一位產品經理（本季內面談五名應徵者）。

OKR 讓公司得以前進，但方法絕不是高層決定、部屬遵循。我們的做法是，投票表決當季的最優先目標後，領導團隊會告訴員工「這是我們認為最重要的事，因為……」，員工則會回答：「好的，我們該如何達成？」因為目標和工作計畫都有書面記錄，每一個人也都知道其他人在做什麼。事情都很清楚，也不會有人放馬後炮。OKR 排除了所有勾心鬥角。

這套方法對我個人也有幫助。我盡力將個人的目標限制在三至四項之內。然後，將它們印出來，放在筆記本附近或電腦旁，到哪裡都帶著。每天早上，我都對自己說：「這是我的三項目標，今天要做些什麼，以推動公司前進？」這對任何領導人都是很好的問題，無論他是否有學習上的問題。

我的工作有進展與否，都坦蕩公開。我會告訴員工：「這是我正在做的三件事，這一件的進度嚴重落後。」隨著公司規模擴大，員工必須看得到執行長的優先要務，知道自己可以如何配合，以達最大成效。他們還必須明白，犯錯也沒有關係，只要糾正錯誤、繼續前進就行。你不能害怕搞砸事情，因為這會扼殺創新。

快速成長的新創企業裡，高績效領導人會持續下放手上原本的工作。我起初也和許多創業者一樣，自己負責會計和發薪工作，就此耗費了大量時間。因此，我最早的其中一組OKR，是將財務工作交給其他人，轉而集中精力在產品和策略上，專注於公司的大目標。同時，我還得自我調適，一一解決部屬主管階層的問題。我的 OKR 使過渡期的進展順利，又鞏固了新的運作方式，防止我走回頭路或管得太細。

OKR 的永恆貢獻

OKR 基本上很簡單，但你不可能馬上精通運作過程。最剛開始，我們設定的公司目標出現離譜的偏差，主要因為我們過於雄心勃勃。好比我們可能設定了七、八項目標，但能力最多只能達成兩項。

我們認識約翰時，我對策略規劃很陌生。事後看來，我們或許應該緩步引進 OKR，而不是一口氣套用整個系統。但是，無論我們曾犯下什麼錯，我還是會毫不猶豫選擇採用OKR，因為它讓 Remind 成為一家管理良好、有執行力的公司。執行這套方法後過了三季，我們透過 C 輪投資募得4,000 萬美元，未來有保障了。”

Remind 前途無量，成長和改革過程中，不曾忘記核心支持者，也就是那些辛勤工作的教師。布雷特和大衛・科普夫的願景堅定不移，就是要「賦予每一名學生成功的機會」。如布雷特所言，我們現在生活的年代，只要按一個鍵就能在五分鐘內叫來一輛計程車。但是，當孩子在學校落後於人，家長卻可能在數週、數月後才會發現。Remind 正致力解決這問題，方法是專注處理最重要的事。

第 6 章
投入：「姊姊」的故事

金吉妮
共同創辦人暨執行長

Nuna（源自韓文，意思為「姊姊」）的故事，是關於熱情的金吉妮（Jini Kim，音譯），因為家中不幸的經歷，促使她決心幫助廣大美國人，享有更好的醫療服務。為此，她獨自一人熬過多年沒有生意的艱苦時期。她招攬工程師和資料科學家，決心實現一項極其大膽的目標：替美國醫療補助保險（Medicaid），建立全新的資料平台，而且是從頭開始。

除了專注，決心投入也是 OKR 第一項超能力的核心要素。執行時，領袖必須公開承諾投入目標，並且堅持不懈。Nuna 是一家醫療資料平台和數據分析公司，共同創辦人藉由 OKR，克服了起步失誤的挫折，隨後又替整個組織，澄清了優先要務。他們了解到，自己必須展現出會持續投入的態度以達成個人 OKR，並且幫助團隊成員同樣達成目標。

2014 年，Nuna 的業務起飛，接下來四年內，他們完成一項醫療補助保險大型專案。到了 2018 年，這間公司正致力於利用資料數據，改善美國醫療體系的運作，造福最需要這項服務的無數民眾。同時，也活用醫療補助保險專案中，學到的技術和經驗，幫助大公司提升私人健保方案的效率和醫療品質。這一切工作有賴 OKR 系統設定目標的出色表現，而吉妮是在當 Google 產品經理時，首次接觸到這套方法。

吉妮的故事反映了，「決心投入」這種超能力的兩個層面。她的公司團隊一旦掌握運作機制，OKR 就鎖定了他們的決心，與承諾完成能帶來最大影響力的目標。同時，上至領導人下至公司員工，也都學會投入 OKR 本身的過程。

金吉妮表示……

Nuna 的故事與我個人息息相關。我的弟弟基夢（Kimong，音譯）兩歲時，經診斷後確認患有嚴重自閉症。數年後，他在迪士尼樂園第一次癲癇大發作。他這一秒人還好好的，但忽然就倒在地上，幾乎無法呼吸。我的父母親是韓國移民，資源有限，英文也不好，覺得很無助。如果沒有醫療安全網（safety net），我家一定會破產。因此，申請醫療補助保險的工作落在我身上，當時我才九歲。

我是 2004 年加入 Google，這是我大學畢業後第一份工作。在此之前，我不曾聽過 OKR。但是，隨著時間推移，OKR 成為我和我的團隊不可或缺的指南，引導我們在 Google 工作，完成最重要的任務。我最早參與的產品之一是 Google 健康（Google Health），我從中學到數據資料對改善醫療照護非常重要。我也發現，取得醫療資料有時極其困難，就連取得自己的資料也不容易。這些經驗促使我於 2010 年創立了 Nuna。

我們一開始沒有使用 OKR，也沒錢、沒客戶。我全職在這間公司工作，另外有五個人則是做兼職，其中包括共同創辦人陳大衛（David Chen，音譯），他當時還是一名研究生，但所有人都沒拿到薪水。後來，我們拼湊出產品原型，找了幾家自行承保（self-insured）的大公司。理所當然，第一年我們接不到任何生意。我們自以為知道市場要什麼，但我們根本不夠了解顧客，無法有效推銷產品。

Nuna 執行長金吉妮和弟弟基夢。

第二年，我們還是接不到生意，我知道是時候應該出去「上課」。公司福委都在意些什麼？醫療照護市場中，有意義的創新是怎樣的？於是，我穿上套裝參加了幾場人力資源會議，尋找這些問題的答案。

2012 年，我學到的東西幫我們爭取到一些財星 500 大公司的客戶。經過挫折連連的兩年以上，吃了無數次泡麵當晚餐後，我終於替公司產品找到市場。但作為新創企業，唯一不變的就是改變，而我們公司即將經歷戲劇性的轉變。我替美國健保網站 HealthCare.gov 工作六個月後回到灣區不久，公司就得到 3,000 萬美元資金。我們終於可以發薪水給團隊成員，而且未來很多年都不怕沒錢支薪。

與此同時，我得知美國政府正在招募標案，要為醫療補助保險服務對象，建立有史以來第一個資料庫。由於這項工程浩大，包含 7,450 萬人的資料，他們分散於 50 州、五處屬地和哥倫比亞特區，先前的努力已經多次失敗。不過，我們仰賴腎上腺素和紅牛能量飲料，奮戰了 72 小時後，即時向聯邦醫療保險和補助服務中心（CMS）提交計畫書。兩個月後，我們得知自家公司得標了。

擴展公司的任務重大，主要體現在三個層面。第一是業務本身，必須升級相容性、安全性和隱私性。第二與我們的資料平台基礎設施有關。第三則是人力，員工數要從 15 人增至 75 人。我們必須繼續經營既有雇主的業務，同時建立一個曠世的資料庫，而且時限僅有一年。為了順利完成任務，我們需要空前的專注和投入。

2015 年，我們首次嘗試導入 OKR。我身為 Google 前員工，深信目標與關鍵結果的力量，卻低估了必需的條件，遑論有效執行它。你必須逐漸、一步步建立目標管理能力，因為我之前曾擬定馬拉松長跑的個人健身 OKR，結果深切體會到，太快完成太多事，肯定會面臨慘痛的結果。

我們擬定了一些季度和年度 OKR，打從第一天就要求所有員工配合。當時，公司規模還很小，員工只有大約 20 人，看起來不會很困難。但是，事情就是無法順利進展，有些人一直不設定個人 OKR，有些人則是設定後，就塞進抽屜裡。

事後回顧，如果一切重來，我會從五人領導團隊做起。我們公司得到慘痛的教訓，了解結構良好的目標設定方法要有效運作，領導階層必須展現出投入這套方法的決心。你可能需要一、兩季的時間，才能克服管理層的抵制，使他們適應 OKR，不會把它視為必要之惡，或是可以敷衍了事，而是當作幫助組織達成首要目標的實用工具。

領導階層全心投入 OKR 前，你不能期望員工上行下效，尤其如果公司的 OKR 抱負極大。因為目標愈難達成，放棄它的誘因往往也愈強。員工在設定目標並為此努力時，自然而然會以主管為榜樣。就像是船長遭遇暴風雨時棄船逃生，自然不能期望水手將船安全開回港口。

2016 年中，我們再次試行 OKR，這一次帶著更大的投入決心。雖然我看到了領導團隊的支持，但也意識到自己不能自滿。因為我是領導人，有責任督促員工。所以，我會發出電子郵件，要求他們擬定個人的 OKR。如果我沒收到回應，會利用團隊通訊程式 Slack 聯絡他們。他們還是沒回應的話，我會直接傳簡訊。要是他們還是不聽勸，我會逮住他們，當面要求：「『請』擬定自己的 OKR ！」

為了鼓勵員工真正投入，領導人必須以身作則，展現出希望員工效法的行為。我在某次全體會議上，分享個人的 OKR 之後，意外發現這對團結公司上下、支持制度大有幫助。因為，此舉等同告訴所有人，我也是要對個人工作表現負責的。員工能夠自在評價我的 OKR，告訴我如何改善，對我幫助很大。以下是範例，括弧內是我的表現評分（採用 Google 的做法，分數區間為 0.0 至 1.0）。我可以告訴大家，我在擬定這組看似簡單、不成功就失敗的 OKR 時，得到許多有益的意見。

我們也加了兩項關鍵結果，藉此測量我們培養專業度的投入決心：

目標

持續打造世界級的團隊。

關鍵結果

1. 聘請十名工程師（0.8）。
2. 聘請一名商業銷售總監（1.0）。
3. 讓所有應徵者（即使最後並未錄取）都覺得，我們公司組織有方、具備專業水準（0.5）。

目標

隨著員工人數增至 150 人以上，打造出健康、高績效的工作環境。

關鍵結果

1. 所有員工都完成績效考核／回饋週期（1.0）。
2. 所有員工於第四季第一週，評分完第三季個人 OKR（0.4）。

Nuna 對 OKR 的決心非常公開、清晰可見。但是，有時候某些事情適合私下進行。2016 年第四季，我希望替公司聘請一名副總裁，負責雇主的業務，這是加快業務成長的關鍵一步。不過，這在我們公司是個新職位，我不確定內部會怎麼看這件事。因此，我私下擬定了一組 OKR，只有共同創辦人大衛知道，加深我的投入決心，推動整個招聘過程。它還敦促我，與公司裡的關鍵人士一對一討論，尋找潛在人選，最終才啟動較為正式的招聘程序。

新創企業「顧名思義」會面對許多曖昧不清的情況。隨著公司擴展業務，從服務自行承保的雇主，到建構大型醫療補助保險資料庫，以至提供一系列的健康計畫相關產品，我們愈來愈仰賴 OKR。整個公司團隊必須更專注，優先要務也應該更明確，因為這是加強投入工作的先決條件。OKR 迫使公司內部進行了一些討論，而這些原本不會都發生。但是，我們的工作變得更協調，不再只是匆忙應對外部事件，而是帶有目的、按照季度計畫行事。儘管工作截止期限變得更緊，我們卻更有信心完成任務。因為，我們決心投入，達成自己宣示過的目標。

我們的 OKR 故事有何教訓？如大衛所言：「你不可能一次就將 OKR 系統應用得恰到好處，第二次和第三次也不會完美。但是，不要氣餒，堅持下去。你必須調整適應，使它成為你自己的系統。」決心投入會自動成長茁壯，我的親身經驗證實，只要堅持下去，便能收成驚人的好處。

如今，Nuna 在夥伴 CMS 的大力支持下，建立了一個安全又靈活的資料平台，儲存超過 7,400 萬名美國人的私人健康資料。但我們渴望做出更大的貢獻，讓平台為政策制定者提供有用的資料，處理成本高昂又複雜的醫療照護系統。我們還希望它能進行分析工作，幫助預測、預防未來的疾病。最重要的是，我們希望它擔起重責大任，改善美國的醫療。這項任務要投入的決心之重令人氣餒，但是，如同我在

Google 學到的：任務愈艱鉅，OKR 愈重要。

即使經過這麼多年，我的弟弟基夢只會說三個詞：uhma、appa 和 nuna，他說的是韓語，意思是媽媽、爸爸和姊姊。我們公司的名字和使命，都是他賦予的。而如今輪到我們，以面對 OKR 的決心投入為力量，肩負協助改善大眾醫療照護服務的使命。”

2017 年 1 月，Nuna 揭露了為醫療補助計畫保險工作的一些內情。聯邦醫療保險和補助服務中心代理總監安德魯・斯拉維特（Andrew M. Slavitt），接受《紐約時報》訪問時表示，Nuna 的雲端資料庫「根本是曠世巨作」，從各自為政的各州電腦系統，一躍成為第一個「綜合整個系統的資料庫」。[1]

短短數年間，Nuna 的團隊已經為美國醫療照護系統，做出了持久的貢獻。不過，認識吉妮和大衛，了解他們投入 OKR 決心的人都知道，他們才正要大展鴻圖。

第 7 章
超能力 2：契合與連結，造就團隊合作

我們請來人才，不是要告訴他們該做什麼，而是要他們告訴我們該做什麼。

——賈伯斯（Steve Jobs）

社群媒體普及後，公開透明儼然成為日常生活的既定價值觀，也是通往卓越表現的捷徑。但是，如今多數公司仍會將目標保密。雲端服務業者 Box 執行長艾倫・李維（Aaron Levie）曾抱怨：「無論何時，總有一大群人誤入歧途，而困難在於辨明是哪些人。」對此，太多執行長深有共鳴。

研究顯示，相較於保密到家的目標，公開的目標更有可能達成。[1] 只要將狀態改為「公開」，就能全面提升成就表現。最近一項調查訪問了 1,000 名美國成年勞工，92%的受訪者表示，如果同事看得到進度，他們將更有動力去達成目標。[2]

OKR 制度中，即使是最資淺的員工，也能看到每一位同事的目標，包括位居頂層的執行長。而且，所有批評和修

正都是公開的，公司員工可以全權參與，甚至討論目標設定過程本身的缺陷。如此一來，任人唯賢的制度（meritocracy）得以在陽光下壯大。當大家都寫下了自己的工作計畫，自然就很容易看出，最好的主意來自何處。須臾之間，一切將顯而易見，獲得晉升的往往是做公司最重視的事的人。危害組織的毒藥，如猜疑、不思進取、政治鬥爭，將失去效用。即使銷售人員厭惡最新的行銷計畫，也不會在小圈圈私下抱怨，而是公開提出意見。OKR 能使目標變得客觀，而且都清楚記錄了下來。

公開透明也能培育協作的種子。例如某位員工看來難以達成某項季度目標時，由於她的工作進度是公開的，同事都能看到她需要幫忙。於是，有人會提出建議、伸出援手，大大改善原本落後的進度。同等重要的是，職場關係加深了，甚至可能脫胎換骨。

較大型的組織中很常見，有些人無意間做了相同的工作。OKR 制度則公開所有人的目標，揭露重複的人力投入，替組織節省時間和金錢。

同舟共濟

組織一旦設定了最高層級的目標，真正的工作就開始了。隨著進度從規劃進入執行階段，不論主管或部屬，都會將每日的活動結合組織的願景。這樣的過程稱為「契合」，價值不容小覷。《哈佛商業評論》（*Harvard Business Review*）

一篇文章指出，員工與組織高度契合的公司，績效表現有機會達到對手的兩倍以上。[3]

遺憾的是，契合的情況相當罕見。研究顯示，只有 7% 的員工「充分理解公司的商業策略，同時明白公司期望自己怎麼做，才能幫助組織達成共同目標。」[4] 另一項報告，則徵詢了全球各地的企業執行長，結果發現他們認為，契合不足是橫亙於策略與執行間的最大障礙。[5]

「我們有很多工作正在進行，」時任加州風險模擬公司 RMS（Risk Management Solutions）人力資源主管艾蜜莉亞·梅瑞爾（Amelia Merrill）表示：「同事四散在各個辦事處、不同時區，有些人獨力工作，有些人則是正共同作業。員工要辨明必須先完成哪些工作，真的不容易。每一件事看來都很重要，每一件事看來都相當緊急，但是，哪些事情真的必須先著手完成呢？」[6]

答案就在聚焦和透明的 OKR 中，它交織了每一個人的工作、團隊任務、部門專案和組織使命。人類這個物種是渴望聯繫的。身處職場時，我們自然會好奇諸位領導人在做什麼，也想知道自己的工作將如何與他們的工作有交集。因此，OKR 可說是垂直契合的首選工具。

層層下達

在昔日的商業世界，工作安排完全掌控在組織高層手上。公司的目標由高層向下布達，有如上帝在西奈山上頒布給摩西的十誡。高階主管替各部門主管定下目標，部門主管再轉達給部門中階主管，如此層層往下傳。

這種目標設定方法，雖然已經不再是主流，卻依然盛行於多數相對大型的組織，吸引力顯而易見。層層下達的目標會約束較基層的員工，確保他們為公司的首要任務努力。最理想的情況下，這種做法能使組織團結一致，清楚表明「大家同坐一條船」。

我介紹 OKR 給 Google 和許多其他組織時，都會用一支虛構的美式足球隊說明，以層層下達的方式應用 OKR，組織將運作得多麼有（也可能沒有）效率。

接下來，我們將由上而下傳達一組 OKR。

沙丘獨角獸隊：美式足球夢幻總教頭

假設我是美式足球隊「沙丘獨角獸」的總經理，有項目標說明我要做「什麼」：替球隊老闆賺錢。

總經理

目標
替球隊老闆賺 $。
關鍵結果
1. 贏得超級盃。
2. 主場入座率達 90%。

OKR 圖表 1：總經理

我的目標有兩項關鍵結果：贏得超級盃，以及主場入座率至少達到 90％，代表我將「如何」替球隊老闆賺錢。如果這兩項關鍵結果都能達成，球隊不可能賺不到錢。所以，這是一組設計得不錯的 OKR。

> **最高層級的 OKR 設好之後，就順著組織層級向下進展。**

我以總經理身分，將目標轉達給下一層的管理階層，也就是總教練和行銷資深副總裁。我的關鍵結果成為他們的目標（參見 OKR 圖表 2）。總教練的目標是贏得超級盃，而讓他達成目標的關鍵結果有三項：每場比賽傳球進攻達 300 碼，每場比賽防守壓制對手得分低於 17 分，以及棄踢回攻

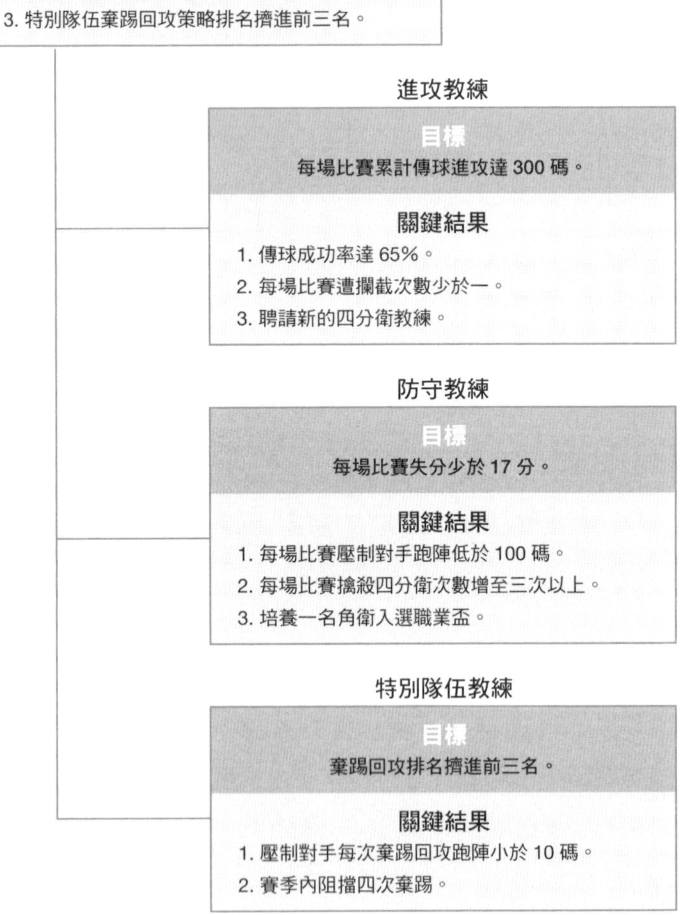
總教練
目標
贏得超級盃。
關鍵結果
1. 每場比賽累計傳球進攻達 300 碼。
2. 每場比賽防守壓制對手得分低於 17 分。
3. 特別隊伍棄踢回攻策略排名擠進前三名。
進攻教練
目標
每場比賽累計傳球進攻達 300 碼。
關鍵結果
1. 傳球成功率達 65%。
2. 每場比賽遭攔截次數少於一。
3. 聘請新的四分衛教練。
防守教練
目標
每場比賽失分少於 17 分。
關鍵結果
1. 每場比賽壓制對手跑陣低於 100 碼。
2. 每場比賽擒殺四分衛次數增至三次以上。
3. 培養一名角衛入選職業盃。
特別隊伍教練
目標
棄踢回攻排名擠進前三名。
關鍵結果
1. 壓制對手每次棄踢回攻跑陣小於 10 碼。
2. 賽季內阻擋四次棄踢。

OKR 圖表 2：教練群

排名擠進前三名。他將這三項關鍵結果轉為三名部屬（進攻教練、防守教練和特別隊伍教練）的目標。這三名教練又分別擬定自己的較低層級關鍵結果。例如，為了達成每場比賽傳球進攻達 300 碼的目標，進攻教練可能必須致力於傳球成功率達 65%，以及聘請新的四分衛教練後，達成每場比賽遭攔截次數低於一的目標。

教練群設定的 OKR，與總經理意圖贏得超級盃的計畫相契合。

任務尚未完成，我們還要說明如何填滿主場比賽的人數。

在此同時，我的行銷資深副總裁已經將她的目標，設為我的另一個關鍵結果：主場入座率達 90%（參見 OKR 圖表 3）。她依此擬定三項關鍵結果：球隊品牌升級、改善媒體報導，以及重振球場內的宣傳活動，而這三項關鍵結果，又分別成為行銷經理、公關經理和業務經理的目標。

現在，你是否看到這當中的問題？提示：行銷資深副總裁的關鍵結果一團糟。它們與總教練的關鍵結果不同，是無

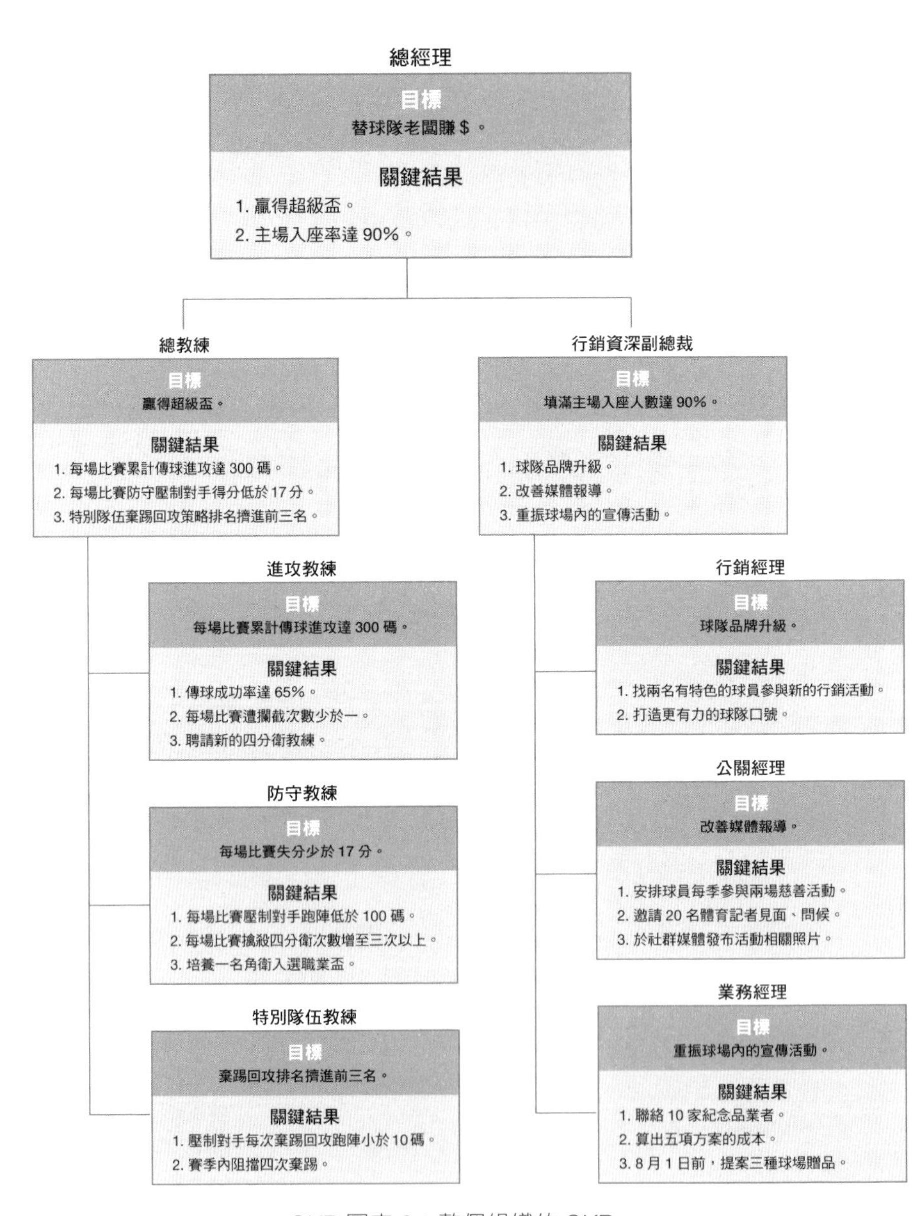

OKR 圖表 3：整個組織的 OKR

法測量的，而且既含糊也沒有時限。例如，我們如何界定媒體報導已經「改善」了？是五次 ESPN 特別報導？一次《運動畫刊》(*Sports Illustrated*) 封面人物？還是社群媒體追蹤人數增加 50%？

但是，即使行銷資深副總裁把關鍵結果修改得更好，組織設定目標的方式仍有嚴重缺陷。因為它的最高層級目標，是讓一名有錢人變得更有錢，本來就很難激勵總經理，遑論球隊在東岸的球探，或是在影印機附近奔忙的公關實習生。

適度採用由上而下布達的方式，可以使組織的運作變得比較連貫。但是，如果「所有」目標都是由上層下達的，就可能淪為機械化、一個口令一個動作的作業，衍生出四種副作用：

- **喪失靈敏**：即使是中型企業，也可能有六、七個組織階層。當人人都等著上級下達指示，加上會議和審查如雨後春筍，每一個目標週期可能需要數週甚至數月才能執行。嚴格由上而下布達目標的組織，往往抗拒快速、頻繁設定目標的做法，因為執行過程過度繁瑣，無法採用季度 OKR。
- **失去彈性**：設定一套由上而下布達的目標很費工夫，所以沒人願意中途修改。即使是小幅調整，也可能造成基層的負擔，因為他們已經盡力與目標保持契合。假以時日，系統將變得難以維護。

- **排除異己：**冥頑不靈、由上而下布達指示的制度，往往會排斥前線員工的意見。身處同樣組織體系的員工，會猶豫是否提出與目標有關的疑慮，或是分享有前景的構想。
- **單向聯繫：**集中鎖定層層下達可以達致上下契合，卻難以橫向聯繫同儕，更不用說跨部門聯繫。

由下而上傳遞能量

好在，我們可以選擇其他做法。正因為 OKR 是公開透明的，不必依樣畫葫蘆層層下達。如果有利於公司的大目標，也可以跳過多個階層。不必逐層下達，由執行長傳給副總裁，再傳給董事以至經理，然後是經理的部屬。有時，或許可以由執行長直接傳給經理，或是董事布達給任何一名員工。又或者，領導階層可以一次公開所有 OKR，然後相信組織成員將打包票：「好的，現在我知道公司的方向了，會配合公司的計畫，調整自己的目標。」

想想 Google 有數萬名員工，如果 OKR 是機械式層層下達，重視創新的公司文化也將慘遭扼殺。Google 前人資長拉茲洛・博克（Laszlo Bock）在著作《Google 超級用人學》（*Work Rules!*）中指出：

> 設定目標可以改善績效，但耗費時間讓目標在公司上傳下達則沒有用……我們的做法是以市場爲

> 導向，假以時日，所有目標都將合而爲一，因爲高層的 OKR 眾所周知，其他人的 OKR 也是公開的。嚴重格格不入的團隊將顯得很突出，而少數攸關所有人的重大專案，也很好直接管理。[7]

Google 的「20％時間」（20 percent time），則是與層層下達的做法截然對立：工程師每週等於可以「放假一天」，投入自己的私人項目。Google 解放了世上最聰明人才的腦容量，結果如我們所見，世界就此改變。2001 年，年輕的保羅・布赫海特（Paul Buchheit）投入一項代號為「馴鹿」（Caribou）的 20％時間計畫，結果創造出全球領先的網路電子郵件服務，也就是今日眾所周知的 Gmail。

為了避免強制、扼殺自我的過度契合，健康的組織鼓勵，某些目標將由下而上傳達。舉例來說，美式足球隊沙丘獨角獸的物理治療師，參加運動醫學會議後，得知一種新的保健方法，可以避免運動傷害。於是，她自發擬定一組季後 OKR，藉此引進這種治療方法。她的目標或許與直屬經理的 OKR 不契合，卻契合總經理的首要目標。如果獨角獸隊的主力球員，整個球季都能平安無傷，將大幅增加球隊贏得超級盃的機率。

創新往往源自組織的邊陲，而非中心。最強大的 OKR 通常不是出自「長」字輩領導階層，而是除此之外的員工洞見。安迪・葛洛夫便觀察到：「前線的人通常較早察覺到，即將發生什麼變化。行銷主管察覺顧客需求的變化前，銷售人員早已了然於心；當事業基本面改變，財務分析師也是最早知道的。」[8]

微觀管理就是管理無方。健康的 OKR 環境，能在契合、自主、共同目標與創意自由之間達致平衡。杜拉克曾寫道：「專業員工需要嚴格的績效標準，和崇高的目標……但是，他們應該自己負責，決定該如何完成工作。」[9] 在英特爾，葛洛夫對於「上級干預」持相當負面的看法，因為：「部屬會開始覺得公司對他期望不高，因此缺乏動力解決自己的問題，傾向交給主管解決……組織的產出將因此萎縮。」[10]

理想的 OKR 制度，容許員工設定至少部分個人目標，以及多數或全部關鍵結果。並且引導他們自我挑戰、自我超越，設定較難達成的目標，達成更多目標：「目標愈高，績效通常愈好。」[11] 自己選擇目的地的人，會有更深的體會，了解該如何抵達。

如果別人決定了我們要「如何」達成目標，自然就會讓人沒有那麼想參與其中。如果醫生命令我，為了降低血壓，一定要訓練自己去跑舊金山馬拉松，我可能勉強聽從勸告。不過，要是我經由自由意志，決定要跑馬拉松，還比較有可能衝過終點線，尤其是跟朋友一起跑，可能性更高。

我發現，企業界很少單一的正確答案。適當鬆綁、支持員工尋找自己的正確答案，便能皆大歡喜。高績效團隊能透過由上而下與由下而上的目標設定，從中產生的創造性張力，適當結合契合和不契合的 OKR，就此繁盛成長。迫切需要完成任務時，一切將以簡潔為優先，組織便可能傾向選擇直接下命令。但是，如果業績穩健、公司變得過度謹慎保守，相較寬鬆的管理方式，可能才最恰當。一旦領導階層適應了事業與員工波動不定的需求，由上而下布達，和由下而上傳達的目標，通常會各占一半。在我聽來，這樣的比例滿合適的。

跨職能協調

雖然現代的目標設定方法，順利凌駕於組織架構之上，懸而未決的依賴關係，仍是工作計畫失敗的首要原因。解決方法在於，橫向、跨職能的聯繫，不論同儕或團隊之間。在創新和高明的問題解決領域，單一的個人無法抗衡關係緊密的團隊。產品開發必須有賴工程部門，行銷則需要銷售團隊。隨著業務漸趨盤根錯節，新計畫變得錯綜複雜，相互依賴的多個部門需要一種工具，幫助大家同時到達終點。

內部緊密聯繫的公司，行動比較敏捷。為了取得競爭優勢，領導人和員工都必須突破障礙，朝著橫向相互聯繫。拉茲洛・博克曾指出，透明的 OKR 制度，可以促進這種自由的協調合作：「組織上下所有人，都能看到事情的發展經過。忽然之間，正在設計手機的人可能向外發展，找上正在開發軟體的團隊，因為他們看到一些有趣的東西，可以用於設計使用者介面。」[12]

當目標公開、讓所有人可見時，不論發現什麼問題，一支「團隊中的團隊」都可以迅速直指核心。伯克補充道：「如果有人表現非常突出，你馬上就會看到，也能深入探究。當有人總是表現不濟，你也可以加以了解。公開透明能打造所有人都清楚易見的訊號。你將啟動良性的循環，不斷增強自身的能力，幫你完成任務。而且，管理階層毫無額外負擔，這真的太神奇了。」

第 8 章
契合：MyFitnessPal 的故事

李邁克
共同創辦人暨執行長

一切始於一場海灘婚禮。李邁克（Mike Lee）與未婚妻艾美（Amy Lee）在婚禮將至時，決定適量減重。健身教練給了他們一張清單，列出 3,000 種食物的營養價值，另外又給了一本便箋，用來記錄卡路里。不過，邁克打從 10 歲起，就開始寫電腦程式，知道一定有更好的方法。他因此構思了一套解決方案，後來演變成健康與健身 app「My FitnessPal」（意為「我的健身夥伴」）。長達八年的時間裡，邁克與弟弟艾伯特（Albert Lee）利用存款和信用卡，自行出資維持 app 運作。

如今，一場定量、個人數位健康與個人福祉的大型運動興起，而李氏兄弟正位居中心。他們的使命是創造更健康的世界。2013 年，凱鵬華盈投資 MyFitnessPal 時，這款 app 有 4,500 萬名註冊用戶。如今，用戶已經超過 1.2 億人，總計減重三億磅（約 1.36 億公斤）。MyFitnessPal 提供 1,400

萬種食物的資料，而且可以即時連結 Fitbit 等智慧裝置，和其他數十種 app。它讓用戶比起過去，更能輕鬆追蹤自己的飲食和運動效率。這款 app 揭露了以往看不到的資料，例如早上跑步消耗了多少熱量，幫助用戶設定和達成遠大的個人目標。用戶做出的日常生活選擇，能改變自己的生活。它還有一項好處在於，它提供了好友網絡，這些好友能每天鼓勵你繼續努力。

不同組 OKR 並非各自獨立的孤島，而是正好完全相反，它們能創造出網絡，由上下左右甚至斜對角的方向，連結組織裡最重要的工作。當員工與公司的最高層級目標契合時，影響力將顯著放大，而且不再做重複的工作，也不會違反常理互相衝突。李氏兄弟在打造世界頂級健康與健身 app「MyFitnessPal」的過程中發現，高度契合是日常進展的關鍵，下一步的重大突破便是由此而生。

如果你覺得李氏兄弟的故事，聽起來像是使用 OKR 的絕佳典範，你沒搞錯。本章中你將看到，設定目標對邁克與艾伯特來說，簡直渾然天成，雖然過程並非總是輕而易舉。2015 年 2 月，UA（Under Armour）以 4.75 億美元，收購了 MyFitnessPal，此次收購是 MyFitnessPal 的科技實力，與運動用品業頂級品牌的聯姻。突然間，李氏兄弟有機會接觸到世界級職業運動員，開啟數位健身的新領域。誠如邁克所言：「我們想滑到冰球將至之處。」

新的業務結構，將為目標設定帶來新挑戰，尤其是在契合目標方面。邁克與艾伯特得仰賴 OKR，駕馭錯綜複雜的內部關係。隨著 MyFitnessPal 成為大集團的一部分，目標與關鍵結果將契合他們規模漸長的團隊和組織標的。

李邁克表示……

你口袋裡有一部相當強大的電子產品。它蒐集有關你和你周遭世界的資料，而且數量正在暴增。只要花一點錢，或者根本完全不必花錢，你身邊隨時會有一名教練或營養師，甚至是醫療顧問「隨侍在側」。拜智慧型手機所賜，我們可以做出相較健全的決定，選擇比較健康的生活方式。

MyFitnessPal 提供的洞見，我們稱為「清晰的瞬間」（moments of clarity），能使用戶終身受惠，它的效果我親身體驗。我開始追蹤自己的飲食時，才發現一大湯匙的美乃滋熱量有 90 大卡，而黃芥末醬卻只有 5 大卡。從此之後，我就完全不碰美乃滋了。當生活中這些微小的改變累積得夠多，便能造就加乘的效果。

創立 MyFitnessPal 之前，我曾在若干公司工作，它們都沒有正式的目標設定制度。雖然有年度財務計畫、營收目標，以及相關的大策略，但沒有什麼結構完備，或持續進行的東西。這些公司還有一項共同點，而且並非偶然，所有組織顯然都缺乏契合度。我完全不知道其他團隊在做什麼，或是該如何為了某項共同目標而努力，只是試著開更多會議彌補不足，根本白白浪費時間。就像是如果你讓兩人同坐一條船，叫其中一個往東划，另一個往西划，最後他們將耗費大量精力，而且哪裡也去不了。

MyFitnessPal 創建早期，我們會開玩笑說有 1,000 件待辦事項，然後年底劃掉最前面三件事說：「很好，過去這一年實在不錯。」我們還有很多事情沒做，但一切都沒問題。我們在力所能及的範圍內努力：推出 Android 版的 app，或 BlackBerry 版的，不然就是 iPhone、iPad 版的。我們一次處理一項目標直到完成，然後才投入下一個項目，很少重疊作業。

我們的工作流程並不精細縝密，但它是專注、大部分可測量的。當你獨自研擬公司的策略，另有一個人在開發產品，彼此契合易如反掌。好比我和弟弟會確定一項關鍵目標，要在某天之前推出 iPad 版本，接著每天都溝通了解彼此的進度。小型組織不需要太多程序，也可以運作下去。不過，我現在倒是希望，我們當時更早、甚至獲得資金前，就引進 OKR 制度。如此一來，當機會出現時，我們便能準備得更完善、做出更明智的選擇。

MyFitnessPal 上線並推出 iPhone 和 Android 版本後，公司進入成長爆發階段。有天，我們意識到 app 已經有 3,500 萬名註冊用戶。但是，公司成長得太快，我們再不可能每次只做一件事。我還發現，只要有兩名優秀員工直接聽你指揮，事情就會開始變得混亂。你想各自給他們有意義的重要任務，而他們自然希望把專案中自己負責的那一塊做好，然後很快就會不再契合，奔往不同的方向。在你察覺之前，他們就已經投入了完全不同的工作，此時督促他們更努力也於事無補。好比有兩根釘子些微歪斜，哪怕只是一點點，即使一把好鍾子打下去，結果也不是你想看到的。

雖然艾伯特和我都知道，在設定目標這件事上，必須更有章法，卻不確定如何著手。2013 年，凱鵬華盈首次投資我們公司不久之後，約翰・杜爾就來向我們介紹 OKR。我對他舉出的美式足球隊例子很有共鳴；我就是明白他的意思。我很喜歡簡潔的主要目標，也喜歡它在組織中凝鍊、延伸，以及向下傳達的方式。我對自己說：這就是我們公司需要的，讓目標與工作契合的方式。

MyFitnessPal 共同創辦人，李氏兄弟邁克和艾伯特，合影於 2012 年。

跨團隊整合

我們開始實行 OKR 制度後，發現它比想像中困難。我們並未認識到，自己需要多大的心思，才能擬定適當的公司目標，然後向下布達、激勵員工。我們還發現，要在高層次的策略思考，與比較瑣碎的指令式溝通之間達致平衡，實在相當困難。公司得到 A 輪投資，並擴大領導團隊之後，能做到的工作增加了。為了加強當責，我們為每一位領導人，設定了一項專屬的大目標。也就是說，我們根本反其道而行，幫員工決定公司的 OKR，而不是安排適當人選，配合公司的 OKR。結果，有些目標太狹隘，有些則太含糊。當人資經理坐困愁城，不知如何將自己的工作，連結產品或營收的高層目標，我們就會特別為了他，增設一項最高層級目標。沒過多久，我們抓了滿手的公司 OKR，然而，對 My FitnessPal 而言，什麼才是真正重要的？顯然，我們只見樹木，不見森林。

2013 年，我們的員工人數從 10 人猛增至 30 人，我以為公司生產力將就此倍增，簡直低估了擴編會拖累多少工作效率。新進工程師必須接受大量訓練，才可能像老鳥那麼熟練。而且，因為多名工程師都在進行同一項專案，我們必須建立新的工作流程，以免他們之間產生衝突。在過渡階段，生產力首當其衝。

說到底，「契合」的作用在於，幫助員工明白，你希望他們做些什麼。假設員工都知道該怎麼做，大多數的人都會受到啟發，希望自己能達成最高層級的 OKR。隨著我們的團隊逐漸擴大，公司階層也增加，我們又碰到了新的難題。有一名產品經理，正在為進階的 app 版本「Premium」努力。另一名產品經理專注於應用程式介面（Application Programming Interface Platform，簡稱 API），它是一個平台，可容許第三方如 Fitbit 連上 MyFitnessPal 提供資料，或為 MyFitnessPal 開發其他應用程式。還有第三位，正在處理我們的核心登入體驗。這三人都有個人的 OKR，載明他們努力的目標，到目前為止，一切都沒問題。

問題在於，各部門共同合作的工程團隊，卡在所有人中間，他們與這些產品經理的目標並不契合。他們有自己的基本 OKR，必須維持一切正常進展。而我們假定他們可以配合到底，結果大錯特錯。他們非常困惑，不知道自己該做什麼，而且狀況還可能朝令夕改，甚至無人通知。（有時候，工作還取決於哪位產品經理喊得最大聲。）於是，工程師每過一週就要投入不同的專案，效率因此受損。他們本來正在開發某項產品卻被打中，過一段時間後回來，又必須花時間重新熟悉情況。明明公司的營收急需 Premium 救火，然而開發工作卻斷斷續續。

我實在超級沮喪。我們請來這些人才，還花費大把資金，結果卻未能加快步伐。後來，一組急迫的行銷 OKR 使我們警醒，事情必須有所轉變。我們原先計畫利用個性化的電子郵件，提供特定內容，目標也設定得很好：至少引導一定的月度活躍用戶，到訪我們的部落格。其中一項重要的關鍵結果，是要提高經由電子郵件跳轉的點擊率。問題是行銷部沒有人想到要通知工程部，而工程部早已設定好當季的優先任務。沒有他們的支援，這組 OKR 還沒開始，就注定無法達成。更慘的是，艾伯特和我一直到季後檢討時，才發現問題所在。（結果，這項專案晚了一季完成。）

這實在是個重要警訊，我們因此發現，團隊之間必須加強契合。即使 OKR 設計得不錯，執行情況也會令人失望。當某個部門仰賴另一部門提供關鍵支援，我們卻未能明確指出當中的依賴關係，導致協調成功與否只能靠運氣，工作經常無法準時達成。我們不缺目標，但團隊經常各行其是。

第二年，我們試著解決這問題，定期與執行團隊開整合會議。每一季，部門主管會報告目標，並指明依賴關係。而且，除非我們有辦法回答下列基本問題，大家都不能離開會議室：各部門是否都已經得到所需的支援？是否有團隊仍缺乏資源？如果是，我們該如何使他們的目標，變得比較切實可行？

契合並不代表重複或多餘。在 MyFitnessPal，每一組 OKR 都只有一名負責人，其他團隊則視需要提供支援。根據我的經驗，共同負責一項工作，將折損當責精神。當一組 OKR 失敗了，我不想看到兩個人互相指責。而且，即使有兩個或更多團隊，致力於相同的目標，他們的關鍵結果也應該各自相異。

我們每完成一個 OKR 週期，表現都略有進步。目標變得更精確，關鍵結果更可以測量，達成率也提高了。我們花了兩、三季才真正上手，尤其是與大目標相對應的產品功能。而且，概念新穎的東西難以預測市場反應，我們不是遠超預期達標，就是大幅落後。於是，我們改變做法，開始根據完成期限設定關鍵結果，而不再以營收數字或用戶數為依歸。（例如：2015 年 5 月 1 日前，推出 Premium 版本。）一旦新的產品功能推出，實際數據回傳之後，我們就有較好的條件，評估其影響力和潛能。接著，下一輪 OKR 就更能實際對應或達成預期的成果。

有時候，我們會看到團隊選擇較低風險的關鍵結果，例如發出電子郵件，或設定推播訊息等。目標愈是積極進取，員工設定的關鍵結果往往愈保守，像這樣的意外其實很典型。我們因此學會視情況設計目標，適當追求小幅、漸進的進步。不過，有時我們也會對團隊喊話：「別擔心月度活躍用戶可能受到的影響，只管盡自己所能，做出最好的產品就對了。我們希望你們奮力一搏。」

依賴關係問題更嚴重、規模更大

成為 UA 的一部分意味著，我們必須適應完全不同的目標設定形式。忽然間，我有了上司，必須相互契合，同時也要管理新成立的部門「北美 UA Connected Fitness」。我們的任務是借助新興的數位技術，改善用戶的體能和健康。我還多了 3 款 app 必須協調管理，每一款都有不同的文化和運作風格。

當組織規模擴大，要達到契合也變得遠比以前複雜許多。我們該如何向 400 人說明組織的目標，又該怎麼幫助他們與組織的目標契合，甚至讓成員之間相互契合？我們可以如何讓船上所有人，都往相同的方向划？起初我覺得這真的非常困難，也難以想像，亞馬遜或蘋果是怎麼管理的。但是，當我們引進 OKR，讓整個部門貫徹實行之後，情況大有改善。

UA 收購我們公司數週後，我的上司在公司外召開了 20 人的領導會議，與會者包括公司內部與 Connected Fitness 相關的重要人物。UA 採用的是年度規劃，所以部門主管出席都要報告當年度的目標。而我們在 MyFitnessPal，早就習慣投入時間，設定正確的目標，因此團隊已做好了準備。

會議開始之後，艾伯特和我意外發現，電子商務團隊指望我們，藉由 app 貢獻可觀的流量；數據團隊認定我們將提供大量資料；媒體銷售團隊已經替我們設了目標，要以新的廣告達到特定收入。這三支團隊全都以先入為主的態度，認定我們應該提出什麼貢獻，完全不知道其他團隊各自提出了哪些要求。此外，也沒有人知道，他們的目標該如何契合我們的成長目標，遑論配合公司的大局。我們眼前所見，盡是未認清的依賴關係。這是我們在 MyFitnessPal 就有的老問題，只是現在狀況更嚴重。簡單來說，我們根本不可能達成所有目標。

最後，我們部門花了 18 個月，才契合所有目標與工作，如果沒有 OKR，一切根本不可能完成。首先，我們必須釐出開發新軟體的能力限制，然後認清核心優先任務。我將 Connected Fitness 的高層級 OKR 公開分享，藉此解釋某些專案，為什麼需要配置那麼多時間，以及公司某些最高目標中，哪些部份應該加倍努力。我向團隊說：「這是我們使用的流程，而我正在展示的是我們的目標與關鍵結果。如果你發現有遺漏，或者認為某些工作計畫有誤，務必讓我知道。」

像這樣單方面布達，讓我起初有點緊張，但它確實有效。人們開始認識到我們的局限，並根據這一點調整自己提出的要求。我們也努力與他們契合，尋找能達成跨部門目標的專案。

艾伯特接掌 MapMyFitness 產品團隊後，先檢視了工作計畫藍圖，然後說：「我們必須削減一半的項目，對吧？還要去蕪存菁，只留下真正重要的任務。」現在我們以這種方式評估產品功能：「如果從本季的計畫中拿掉這一項，會發生什麼事？真的會影響使用者體驗嗎？」答案往往是，那項功能存在與否，都不會造成顯著的影響。我們並非出於主觀才下這種判斷，而是有指標可以衡量。如今，對於資源該如何配置，我們能完成更艱難、也更敏銳的抉擇，而這些決定全都延伸自 OKR。

專注與契合如同聯星，相輔相成。2015 年 5 月，UA 收購我們公司三個月之後，Premium 註冊版終於上架。如果我們沒有公開承認：「你們看，我們不可能完成所有工作，我們必須有所取捨」，一切便不可能成真。我們必須向公司表明，Premium 版是我們的首要目標，遠勝其他。

不過，我們的運作還有很多改善空間。併入 UA 之後不久，四款 app 當中有兩款，同時將地圖導入了跑步追蹤功能。然而，這兩款 app 的團隊沒有協調開發工作，各自與不同的廠商合作，以不同方式創建了地圖。這種做法當然欠缺效率，而且用戶也不能得到一致的體驗。值得稱讚的是，這兩支團隊建立了月度的協調程序，避免未來發生類似的問題。不久之後，我們在整個部門實行 OKR。如今，我們的目的一致。而且所有人都知道，部門最優先的任務是什麼，這賦予團隊成員拒絕其他工作的自由。

毋忘使命

雖然創業階段已經過去，我們設定目標時仍是雄心勃勃，堅持公開透明和當責精神的 OKR 原則。我們會在維基頁面上公布目標，公司裡所有人都可以瀏覽，然後每週的全體會議上一起討論。最近一次的公司外會議上，我向集團領導團隊示範了我們的 OKR 流程，結果他們都接受了。一名高層還表示：「這是我參加過最棒的公司外會議。」隨著

OKR 成為 Connected Fitness 部門穩固的營運基礎，我希望利用這些範例，將 OKR 普及至整個 UA 集團。組織愈大，這個系統的價值愈大。

除了使公司內部的目標變得更一致，契合還有更深層的意義：使你的目標始終忠於核心價值。Connected Fitness 致力契合 UA 的使命「協助所有運動員進步」，同時仍然奉行 MyFitnessPal 的固有原則：「當顧客成功達成健康和運動的目標，我們這家公司才會成功。」我們作為一支團隊，仍然重視艾伯特和我起初互相詰問的這道問題：這項功能（或這個夥伴關係），能幫助我們的顧客成功嗎？

畢竟，真正付出努力改變人生的，是我們的用戶。就像那名女士經過努力，20 年來終於能夠首次不用手支撐，從椅子上起身，這是多麼動人的時刻。我們這家公司如果得以成功，就是在於協助創造這種動人時刻的時候了。因此，我們會盡可能在高層級目標中強調這種努力的方向，就像下列數年前這組 OKR 這樣：

目標

幫助世界各地更多人。

關鍵結果

1. 2014 年增加 2,700 萬名新用戶。
2. 註冊用戶總數達到 8,000 萬。

我們所做的每一個決定，都必須符合願景。當我們面臨二擇一的難題，必須在顧客利益與商業目標之間有所折中，我們會偏向維護顧客利益。如果某項目標似乎背離我們的原則，那一定少不了格外仔細的檢視。唯有確保它符合核心價值，我們才會繼續前行。前述宗旨能讓我們付諸行動，與我們服務的顧客維持關係。這決定了我們是怎樣的一間公司（一個人）。”

第 9 章
連結：Intuit 的故事

阿提克斯・泰森（Atticus Tysen）
資訊長

軟體公司 Intuit（意為「直覺」），已經連續 14 年入選《財星》雜誌（*Fortune*）「全球最受尊崇的公司」名單。[1] 這家公司於 1980 年代，以理財軟體 Quicken 嶄露頭角，將個人理財功能帶進桌上型電腦，因而成為家喻戶曉的品牌。Intuit 隨後推出報稅軟體 TurboTax，和桌機版的會計軟體 QuickBooks，而且這兩套軟體，最終都推出線上版。以科技業的標準而言，Intuit 在悠久的歷史中，藉由持續領先同業一步，化解了一次又一次的競爭威脅。最近，它出售了 Quicken，並重新打造 QuickBooks 線上版，改建為開放平台後，用戶人數猛增 49 %。瑞銀集團（United Bank of Switzerland，簡稱 UBS）的分析師布蘭特・希爾（Brent Thill）對《紐約時報》表示：「每次 Intuit 走錯路，都能很快就離開碎石路，回到柏油路上。所以，這家公司長久以來，才能持續表現出色。」[2]

人無法與看不見的東西產生連結；孤島亦無法形成網絡。組織若奉行 OKR 制度，則 OKR 必然是全面公開，每個部門、所有階層的人都看得見。因此，堅持這種做法的公司，運作會比較連貫。

適應力強的組織，通常比較開放和緊密連結。Intuit 公開透明的企業文化，是由創辦人史考特・庫克（Scott Cook）奠定，「教練」比爾・坎貝爾（Bill Campbell）加以

Intuit 資訊長阿提克斯・泰森於 2017 年「目標高峰會」（Goal Summit）。

強化，他曾出任執行長，並長期擔任董事長。Intuit 資深副總裁暨資訊長阿提克斯・泰森表示：「比爾是我見過最開放的人之一。他能掌握別人的心思，而且投入心力維持關係。你總能知道他在想什麼，也知道他必定會大力支持你。」

這位「教練」的遺澤至今猶存。數年前，Intuit 轉向開發雲端軟體，為了幫助資訊科技（IT）部門調適狀況，阿迪克斯為他的直屬部屬引進了 OKR。在接下來的那一季，他將這套方法滲透至經理階層；再一季之後，推廣至 IT 部門共 600 名員工。他下定決心，不強制推行這套新制度。「我們不要官僚式的遵循，」阿提克斯說：「我們要的是熱情的遵循。我想知道 OKR 制度能否靠自身的力量成功，結果它真的做到了。」

Intuit 的 IT 部門，每一季都要處理約 2,500 項目標。他們利用即時、自動化的資料和例行檢查，打造目標設定能力，而且大約一半的 OKR，明確契合上司或部門的目標。整體而言，他們每季瀏覽主管的 OKR 超過 4,000 次，平均每名員工瀏覽約七次，這是個相當有力的跡象，代表前線員工實際投入工作。在 OKR 制度的調教之下，員工可以比較清楚看到自己的日常工作、同事的優先任務、團隊季度目標，以及公司真正使命之間的連結。

Intuit 的故事說明了，在全公司執行 OKR 之前，先試驗的好處（甚至最後並未在全公司執行，先試驗也是好的）。有數百人參與試驗已經足夠，可以在大規模推行之前，擺平所有缺陷。Intuit 公司內，以執行長布拉德・史密斯（Brad Smith）為例，他將自己的目標貼在辦公室給所有人看，因為，連貫的目標設定「非常重要，能幫助員工交出人生中最好的工作表現。」

“阿提克斯・泰森表示……

我在 Intuit 轉到 IT 部門前，從事產品方面的工作長達 11 年，然後在 2013 年，成為公司的資訊長。轉換工作部門是因為，我愛這家公司，而且知道 IT 部必須有所改變，才能幫助公司履行新使命。那段日子讓人既緊張又興奮，公司正同時進行多方面的轉型：從桌機軟體走向雲端，從封閉轉向開放給數千種第三方 app 的平台，從立足北美轉型為放眼全球的公司。當公司隨著長程策略，轉化為一體的生態系統，我們也逐漸從多品牌（TurboTax、Quicken、Quick Books）公司，蛻變為以 Intuit 為核心品牌的公司。

在變革的風暴中，面臨組織內部的挫折時，IT 部門總是首當其衝。部分原因在於，我們部門的運作並非完全透明的。任何一家擁有超過 30 年歷史的公司，都積聚了多層的複雜技術，科技公司尤其如此。而且，我們總是疲於奔命，要平衡內部夥伴的要求，與終端用戶的需求。身為科技技術與業績結果的橋樑，我們最困難的任務，可能是必須平衡眼前與長遠的任務，讓今天的系統完美運作，以迎合大家的期望，同時又得投資未來。例如，Intuit 以前有九個不同的帳務系統，對應服務各種產品，而每一個系統，又各自有特殊的挑戰。如果你每天都在救火，就很難開發新一代的帳務管理技術。

我們該如何提醒員工，什麼事情最重要，同時還能讓所有工作持續正常進行？又該如何使所有人相信，我們會擺平他們關心的一切事物？各部門畫地自限、各自為政的組織裡，活動是不透明的。可能會有人試圖了解，自身部門以外正在進行的工作，但他們往往不知道如何下手，也沒有時間跟進後續進展。

Intuit 公司的變革始於頂層。為了快速啟動變革，董事長暨執行長布拉德・史密斯，引進了一套涵蓋整家公司的目標設定系統，並且對此充滿見解與野心。主管與部屬每個月必須開一次會，討論個人目標。這套系統具備「360 度回饋」的機制，能讓主管與部屬定期交換意見。

我們公司在學習和試驗方面，有悠久的文化歷史。我們嘗試許多東西，保留最有效的元素，加以調整後，內化成為自己的東西。所以，我同意與人資部門合作，在「企業業務解決方案部門」（Enterprise Business Solutions，簡稱 EBS，這是我們為 IT 部門取的綽號）試行 OKR。早在 2014 年，我上網搜尋「目標設定」，首次發現「目標與關鍵結果」這套方法。我的研究顯示，它或許可以幫助我們改變運作方式，甚至可能改變我們對自己的看法。

現代 IT 部門的工作，遠超過機械性應付需求或變更申請。關鍵在於替公司增加價值，淘汰多餘、重複的系統、創造新功能，以及尋求未來導向的解決方案。為了成為 Intuit 不可或缺的團隊，我們的 IT 部門必須脫胎換骨。我們這些領導人也得罩著部屬，讓他們暫時放下一些日常工作，致力於更有價值的長程工作任務。

如今，我的部門裡每一名員工，每季都有三至五項業務目標，外加一、兩項個人目標。這套系統相當有效，恰恰是因為它非常簡單，而且極度透明。我知道我們的 OKR 要有效，就必須讓整家公司所有人都看得見，即使只有我們的部門採用這套方法。我希望公司裡每一個人都確切知道，我們在做什麼、要怎麼做，以及為什麼這麼做。如果人們了解你工作上的優先順序和限制，狀況脫序時也比較容易相信你。

起初我發現，要區分個人的目標與部門的 OKR 並不容易。我作為 IT 部門的領導人，認為這兩者完全一致再合理不過。但是，這看在別人眼中就不是好事。我們的最高層級目標，多半會持續好幾季，通常歷時 18 個月。我的團隊和部屬，也會隨著環境改變，和我們取得的進展，相應調整自己的 OKR。所以，他們提出了一道合理的問題：「如果資訊長的目標從沒改變，那他的工作到底是什麼？」我了解他們話中的含意了。因此，如今我也有自己的目標，而且一如所有其他員工，我會將這些目標，連結我們最高層級的OKR。

除了舊金山灣區的總部外，我們特意在全球實行 OKR。在美國本土四個區域，和印度南部的高科技中心班加羅爾（Bangalore），都有正式的工作團隊，此外，全球 Intuit 的據點也有支援團隊。不在核心團隊工作的人，難免想知道總部的人在做什麼。（總部的人可能也想知道，其他地方的人在做什麼。）OKR 替所有人解開了謎團，將我們團結起來、變得更有凝聚力。

IT 部門的最高層級目標之一，是「確保所有用於 Intuit 的技術，都是合理化和現代化的」。（見下頁的 OKR 圖表）。最近，我每次去德州或亞利桑那州探訪團隊時，都會聽到同事這麼說：「這個專案有助合理化我們的技術組合。」或「我們如何將那套系統現代化？」無論員工身處何地，都在使用相同的關鍵字「合理化」、「現代化」和「確保」。討論新的工作專案時，他們會互相詢問、確認，這項新專案如何能夠配合我們的 OKR。一旦出現背離，他們自然會有所警覺：「我們為什麼要做這件事？」

目標

確保所有用於 Intuit 的技術，
都是合理化和現代化的。

關鍵結果

1. 本季內完成移轉 Oracle eBusiness Suite 至 R12，同時停用 11.5.9 版本。
2. 2016 會計年度結束前，開發完成批發計費（wholesale billing）的平台功能。
3. 讓小型企業單位代理人，完全上手 Salesforce 系統。
4. 擬訂計畫淘汰所有老舊技術。
5. 草擬、協調契合新的人力資源技術策略、路線圖和原則。

來自雲端的即時數據

Intuit 自視為一家 34 歲的新創企業。從 1980 年代的個人電腦開始，我們的歷史反映了科技業一系列的「破壞」，每一次都有新平台取代舊平台。我們的第一款產品，是在 DOS 上運作，然後才轉移到桌機微軟電腦（Windows）和麥金塔電腦（Macintosh）上，再之後是行動裝置，最近則是轉移到了雲端上。

OKR 在雲端的時代，可以發揮更大的作用。橫向發展的契合關係自然產生。由於設定的目標完全公諸於世，數據與分析團隊一開始就知道，財務系統團隊有哪些期望。而且，顯而易見，這兩支團隊應該攜手合作。各個團隊能即時將目標聯繫起來，而不是事後才這麼做，相對於我們以往的運作方式，這簡直是巨變。

在一家桌機版軟體公司，領導階層是以 20 世紀的零售角度看待營運。他們事後才分析銷售報告，和通路流通的情況。雖然他們已經盡力預測前景，視野還是大幅受限於只能往回看的角度。相較之下，以雲端根基的企業，想知道的是眼下正在發生的事。本週有多少用戶註冊？有多少人正在試用？轉換率如何？顧客可以搜尋到一款線上產品，接著瀏覽行銷頁面，然後試用，最後下訂購買，整個過程可能只需要不到 10 分鐘。領導階層要跟上事態發展，應該每天檢視情況。我們 Intuit 的 IT 部門，即使是開發批發計費（wholesale billing）之類的功能，都必須考慮即時回報、數據和分析指標。這麼做的必要性，完全反映在下列這項最高層級目標上了。

目標

**確保每一名 Intuit 員工，
都能根據「即時」資料下決策。**

關鍵結果

1. 為人資部和銷售部提供職能資料市集（data mart）。
2. 完成遷移至資料可以即時取用的企業資料倉庫（Enterprise Data Warehouse）的工作。
3. 建立單一團隊來管理公司全部的資料視覺化工具，以便促成統一的策略。
4. 建立教學模組以助其他團隊使用資料視覺化工具。

全球協作的工具

隨著 Intuit 日益全球化，非同步協作愈來愈普遍。我們在總部與班加羅爾的團隊合作時，即時視訊的效果很有限。因為兩地之間，有 13 個小時的時差，我們工作時印度同事在睡覺，反之亦然。三年前，切實可行的選擇很少。Intuit 投資購置最新的職場工具，但我們欠缺持續交談、協同寫作（collaborative authoring）和視訊會議方面的解決方案。因此，員工被迫見機行事，導致結果好壞不一，生產力自然會受損。

為了以相較連貫的方式處理這個問題，我們將一項人力資源技術相關的關鍵結果，升級為獨立的最高層級 OKR。在六個月內，這項全新的策略重心，促使我們增加幾項工具，全都納入單一個認證系統：Slack 作為持續交談工具，Google Docs 作為協同寫作工具，Box 作為內容管理工具，以及 BlueJeans 作為影音相關工具。開放的 OKR 平台，則能幫助 IT 部門各個團隊，轉換採用新的工具，以契合最新的最高層級目標。現在，公司上下都可以專注在工作上，不必浪費時間釐清，該用那一種工具比較好。

設定目標是一門藝術，不時需要下判斷。如果你選擇暫時升級某項關鍵結果，坦率處理這件事會很有幫助。領導人必須解釋：「沒錯，我希望大家目前可以聚焦，把這一項當成最高層級的目標。等到它不再需要多花心力，我們將會讓它降級，回到一般關鍵結果。」這套系統應該是動態的，所以你總是得調整工作安排。

研究一再告訴我們，前線員工如果明白，自己的工作有助公司達成整體目標，表現將大幅成長。我也發現到，遠離總部的團隊尤其如此。我曾聽過班加羅爾的同事這麼說：「我的目標就是主管的 OKR 裡，其中一項關鍵結果，這項關鍵結果，則與 IT 部門某項最高層級目標直接相關，而這項最高層級目標，又與公司轉型走向雲端有關。現在，我明白自己在印度的工作，與公司的使命有什麼關係了。」他的領悟十分有力，說明 OKR 如何凝聚了我們四散各地的部門。拜公開且結構良好的目標設定系統所賜，各團隊之間的界線消失了。

目標
提供出色的端對端人力資源技術解決方案與策略。
關鍵結果
1. 進入下半季前，讓頭 100 名使用員工試用 Box。
2. 本季結束前，展示 BlueJeans 給所有使用員工。
3. 本季結束前，將頭 50 名 Google 個人帳戶用戶，轉移到企業帳戶。
4. 本季第一個月底前，確定與 Slack 的合約，季末之前提供給所有同事。

橫向連結

Intuit 一直以來，都是個扁平的組織，執行長與前線員工之間，只有寥寥幾個階層。我們的創辦人史考特・庫克認為，最重要的是有人提出最好的主意，而不是那個人的頭銜比較大，如今我們依然秉持這條原則。打從我進公司擔任團隊經理的第一天起，就對這種重視合作的文化印象深刻。即使各部門各自為政，主管與部屬之間的關係仍是開放的。你總是可以對主管，或是主管的主管暢所欲言，而且對方一定會認真傾聽。

OKR 則開放了我們部門、各個團隊的橫向連結關係。起初，情況有些尷尬。IT 部門所有員工，自然都希望，自己的工作能與主管契合，或是配合身為資訊長的我。有天，我登入平台，發現真的有數百項關鍵結果，和我的某項最高層級目標掛鉤。於是，我對同事說：「你的經理仍是經理，你們將繼續協調合作，這一切都不會改變。但是，你必須避免將自己的工作，與主管直接掛鉤，而是彼此要連結起來。」

我們的電子商務和帳務團隊，分別由不同的副總裁領軍，而他們則是由我管理。如果電子商務團隊正在開發購物車功能，那麼帳務團隊必須提供相關功能。按照往常的運作方式，兩支工程團隊各自獨立工作，向各自的專案經理報告，而各團隊專案經理，便會嘗試在上層連結彼此（效果不一）。實際執行工作的同事，彼此之間卻沒有直接接觸。

如今，有了團隊之間公開透明的 OKR，我們的工程師會特意連結彼此的目標。他們一季又一季配合部門的目標，同時設法以最好的方式與同儕協調。我們正捨棄由高層下命令的管理方式，邁向真正的自主運作。IT 部門的領導階層仍會設定脈絡，提出大問題，以及提供相關資料。但是，真正推動我們共同前進的，是緊密結合的多支團隊碰撞出來的洞見。”

第 10 章
超能力 3：追蹤當責

我們信賴上帝；餘者都必須以資料為依歸。

——愛德華茲・戴明（W. Edwards Deming）

OKR 有一項遭到低估的優點，就是可以追蹤進度，並且視情況修改或調適。OKR 不像傳統、僵化的商業目標，設定完成後就被拋諸腦後，而是有生命、會呼吸的組織。它的生命週期可分為三階段，接著我將逐一說明。

設定

雖然 OKR 可以利用一般的通用軟體運作，但會出現一個問題：規模無法擴大。最近，有家財星 500 大公司，嘗試擴大目標設定系統的規模，結果碰壁了。公司裡 82,000 名員工全都克盡己職，將自己的年度目標記在 Word 檔裡！如果改用季度 OKR，一年將產生 328,000 個檔案。照理來說，這些檔案全都會公開，但誰有耐性去尋找連結或契合關係呢？如果公開分享的目標沒有人看，這個系統還算透明嗎？

2014 年，比爾・彭斯（Bill Pence）出任 AOL（American

Online）的全球技術長時，公司與各部門的最高層級目標，是以試算表呈現，並由此向下延展。彭斯說：「但是，這些目標不曾有個真正的家，無法連結同事的日常工作。」而且，要是沒有頻繁更新狀態，目標將脫軌、變得無關緊要，計畫與現實的差距將日漸擴大。一季結束時（甚至可能更糟：一年結束時），我們只剩下宛如殭屍的 OKR，「做什麼」和「怎麼做」已成紙上談兵，不具任何活力或意義。

員工能夠實際看到，自己的工作對公司有何貢獻時，是最投入工作的。他們一季又一季、一天又一天，尋找衡量自身成就的明確指標。外在的獎勵，例如年終獎金，不過是在確認，他們已經知道的事實。OKR 則攸關更有力的關鍵：工作本身的內在價值。

隨著結構嚴密的目標設定要求提高，如今更多組織選擇採用可靠的雲端 OKR 專屬管理軟體。這些頂尖平台，不只提供行動 app，還具備自動更新、分析報告工具與即時提醒功能，並且整合了 Salesforce、JIRA 和 Zendesk 的服務。用戶只需要點擊三、四次，就能利用類似數位儀表板的介面，創造、追蹤、編輯和評價自己的 OKR。這些平台能促成 OKR 變革的價值：

- **使所有人的目標更透明可見**。使用者可以直接查閱主管、部屬，甚至整個組織的 OKR。
- **使員工更投入工作**。因為，當你知道自己在做正確的事，就比較容易保持積極的態度。

- **促進內部聯繫**。透明的平台能引導員工，與專業興趣相同的同事交流。
- **省時、省錢，也能避免不必要的挫敗**。採用傳統的目標設定方法，往往會浪費大量時間，在會議筆記、電子郵件、Word 與 PowerPoint 檔案中尋找資料。如果採用 OKR 管理平台，當你準備好時，所有相關資料都已經齊全。

彭斯回想起，AOL 的執行長提姆・阿姆斯壯（Tim Armstrong）覺得公司的目標「太脫節了，並不連貫，上下各階層之間沒有串連，而且完全不能與員工、和他們一整年的工作緊密聯繫。」2016 年，阿姆斯壯引進了一個專屬的平台，然後推行 OKR 制度。彭斯表示，結果帶來了透明與即時串連，而協調也成為理所當然的事。

OKR 督導者

OKR 系統要有效運作，採用它的團隊（無論是一群高階主管，還是整個組織）必須人人奉行，不可以有例外，不容許脫隊。沒錯，現實中一定會有較晚加入的人、抵制者，以及常見的拖延者。為了督促他們參與，最好的方法就是任命一名或數名 OKR 督導者。Google 產品部門行之有年的做法，是由資深副總裁強納森・羅森柏格（Jonathan Rosen-

發信人：強納森・羅森柏格

日期：2010 年 8 月 5 日，星期四，2:59PM

主題：即使有無限機會，有 13 名同事仍沒做好 OKR（含姓名）

產品部各位夥伴：

我想大家多半都知道，我堅信設定一組適當的季度 OKR，是各位在 Google 功成名就的關鍵之一。因此，我才定期寄信提醒大家按時完成這件事，並且要求主管檢視各位的 OKR，確保它們是恰當的。我試過好言相勸，也曾惡言惡語。個人最喜歡的例子，包括 2007 年 10 月寄信恐嚇大家，以及 2008 年 7 月稱讚你們表現近乎完美。我重複這種軟硬兼施的做法，直到大家百分百遵循規則。耶！

於是，我不再寄信，然後就出現這種事：這一季「有幾位」同事沒有按時完成 OKR，另外還有幾個人沒有替自己第二季的 OKR 評分。原來，重要的不是我寄出哪種信，而是我有沒有寄信！以下是「脫軌」的同事名單（不過，有幾位 AdMob 部門的同事，還不熟悉 Google 的規矩；另外還有些同事沒有如期完成，但是已經在 7 月補上，所以在此特別法外開恩。）

我們眼前有非常多的絕佳機會，包括搜尋、廣告、display、YouTube、Android、enterprise、local、commerce、Chrome、TV、行動，以及社群等。如果你無法想出讓自己樂於每天都來上班的 OKR，那一定是出了什麼問題。如果真的是這樣，你應該來跟我談談。

所以，請大家按時設定自己的 OKR，並替為上一季的 OKR 評分，好好完成任務、更新資料，確保公司內部網路的頁面上，你所提供的 OKR 連結是有效的。這項工作並不是沒有生產性的行政程序，而是關鍵的任務，除了能鎖定當季的優先要務，也能確保我們同心協力。

強納森

berg）扮演這個角色。下列是強納森發出的一份典型員工公告，為保護隱私，被點名員工的姓名皆已隱去：

中途追蹤

Fitbit 智慧手環的熱潮證明了，人們渴望知道自己的進展如何，也喜歡看到視覺化呈現的資料，最好精準到可以看到百分比的地步。研究顯示，取得具體的進度，對當事人的激勵作用最大，更勝公開的表揚或金錢誘因，甚至是達成目標本身的意義。[1]《動機，單純的力量》（*Drive*）的作者丹尼爾・品克（Daniel Pink）也同意：「效力最強的一項激勵因素是『在自己的工作上取得進展』。工作取得進展的日子，也是員工最積極、投入工作的日子。」[2]

多數目標管理平台，都會利用視覺工具的輔助，呈現目標與關鍵結果的進度。OKR 與 Fitbit 不同，不需要每天追蹤。但是，為了防止懈怠，定期（最好是每週）檢查進度是必要的。正如杜拉克觀察到的：「如果沒有行動計畫，執行者將淪為事件的囚徒。而如果不隨著事件展開適時再度檢視計畫，便無從得知哪些事件真正重要，哪些不過是雜訊。」[3]

本書第 4 章曾提及，光是將目標寫下來這個小動作，就足以提高達成目標的機率。而且機率還可以再提高，只要將目標分享給同事，並且持續監控進度，這都是 OKR 不可或缺的元素。加州一項研究顯示，將自己的目標記錄下來，而且每週發進度報告給一名朋友的人，達成的目標比那些僅想出目標、不告訴別人的人多 43%。[4]

OKR 本來就可以調整，它應該是欄杆，而不是枷鎖或屏障。當我們追蹤、審視自己的 OKR 時，不論處於執行循環的任一階段，都有四個選項可以採用：

- **繼續：**如果目標處於綠色安全區（「進度符合預期」），就不需要調整它。
- **更新：**如果某項關鍵結果或目標，落到黃色臨危區（「需要關注」），請因應工作流程或外部環境加以調整。該採取哪些不同的做法，才能讓目標回到正軌？時間表是否需要調整？是否應該擱置某些工作，以便投入更多資源給這項任務？
- **啓動：**如果有需要，即使處於循環中途，隨時都可以啟動一組新的 OKR。
- **終止：**如果某項紅燈危險區的目標（「處於危險中」）已經不再有用，最好的做法可能是放棄它。*

即時反應的儀表板介面，能根據既定目標量化進度，並

* 這通常會套用於關鍵結果，也就是「如何」著手進行某件事的方法。因為經由深思熟慮設定的目標，通常不會在 90 天內瓦解。

指出需要注意的地方。雖然 OKR 主要是能推動我們，爭取「更多」的一股積極力量，它也可以阻止我們，持續往錯誤的方向前進。如史蒂芬・柯維（Stephen Covey）指出：「如果梯子不是靠在正確的牆上，我們每走一步，只是更接近錯誤的目的地而已。」[5] 如果你追蹤自己的 OKR，並持續尋求反饋，就比較不會到了終盤才遭遇「意外」。無論情況好壞，現實總是干擾我們，但是過程中，「人們可以從失敗中學習，並繼續前進，或是將某些層面的挫折，轉化為新成就的幼苗。」[6]

當年，Remind 公司的學校通訊平台，推出的第一款收費服務是 P2P 的支付系統，結果徹底失敗。布雷特・科普夫說：「沒有人使用它，它也沒有解決某個明確的問題。於是，我們立即修改目標，開發一套以事件為導向的系統，老師可以用它號召：『下週有個校外教學，有人想參加嗎？願意付錢嗎？』這改變了一切，服務頓時變得非常熱門。」

如果某項關鍵結果或目標已經過時，或是變得不切實際，你可以不受限制半途終止它。不必固執堅持過時的計畫，而是應該刪掉過時的項目，然後繼續前進。目標是為我們的宗旨服務，而不是反其道而行。

不過，有件事要注意，如果你中途刪掉 OKR 中某些項目，記得通知所有受影響的人，然後反省「有什麼是我起初沒料到的？我從中學到什麼？」還有「未來該如何應用這次的教訓？」

為了求取最好的結果，員工與主管每季應該檢視 OKR

數次，除了記錄進度和辨明障礙，必要時也得調整關鍵結果。除了這些一對一進行的工作，團隊和部門也應該定期開會，評估共同目標的進度。當 OKR 進度落後，就應該制定救援方案。Google 公司內，團隊檢討的頻率，取決於當時的業務需求、預期結果與執行進度的差距、團隊內部的溝通品質，以及團隊的規模和所在地。團隊成員愈是分散，更應該頻繁聯繫。Google 的標準是，至少每個月檢討一次，但各團隊因為經常討論目標，正式會議有時反而沒有必要。

總結：重複流程

OKR 完成後，不會就此失去作用。它一如所有以資料為導向的系統，可以藉由事後評估和分析，產生巨大的價值。無論是一對一討論，還是團隊會議上，OKR 的總結工作包括三部分：客觀的評分、主觀的自我評價，以及反省。

評分

評分 OKR，是標記我們已完成的工作，同時思考下次將怎麼改變做法。低分迫使我們重新思考：這項目標還值得追求嗎？如果是，為了達成目標，我們該做出哪些改變？

最先進的目標管理平台上，OKR 分數是由系統產生的，不經人手，是客觀的。（自動化程度較低的自有平台上，使用者可能必須自己計算。）要替目標評分，最簡單俐落的方法，是算出各項關鍵結果完成比例的平均值。Google

則是以 0 ～ 1.0 為 OKR 評分。

- 0.7 至 1.0 ＝綠燈*（已達成。）
- 0.4 至 0.6 ＝黃燈（有進展，但尚未達成。）
- 0.0 至 0.3 ＝紅燈（未能取得真正的進展。）

英特爾採用的做法類似 Google。你可能還記得，這家公司為重奪微處理器市場，而展開「征服行動」。下列是 1980 年第二季的 OKR 圖表，由安迪・葛洛夫設定、執行團隊背書（括弧內是季末的評分）：

公司目標

確立 8086 系列在 16 位元微處理器市場，具備最高性能產品的地位，達成與否將依據下列關鍵結果測量：

關鍵結果（1980 年第二季）

1. 設計、發表五個基準程式，展現 8086 系列的傑出性能。（0.6）
2. 重新包裝整個 8086 系列產品。（1.0）
3. 8MHz 元件投入生產。（0）
4. 6 月 15 日前，完成算術協同處理器（arithmetic coprocessor）抽樣工作。（0.9）

評分是這樣算出來的：

- 五個基準程式完成了三個，因此評為 0.6，壓線落在綠燈安全區內。
- 我們確實重新包裝了整個 8086 系列，將它納入新的產品線 iAPX，因此分數是完美的 1.0。
- 原定 5 月初始生產 8MHz 元件，但完全失敗。† 因為多晶矽的問題，這項目標必須延後至 10 月執行，因此得分為 0。
- 算術協同處理器方面，目標是在 6 月 15 日前完成 500 個元件，結果交出了 470 個。所以評分是 0.9，再度落在綠燈安全區。

總結來說，這項目標的關鍵結果平均完成度達 62.5％（原始分數為 0.625），是不錯的表現。英特爾董事會評斷，我們的表現未達預期，但不算落後太多，因為他們知道，管理階層設定的目標非常進取。一般而言，我們踏入新的一季時，通常知道自己無法 100％達成季度目標。如果某個部門

---

* Google 以 0.7 作為達成目標與否的門檻，反映他們對於「艱難」的目標雄心勃勃。（見第 12 章）這個門檻不適用於公司設定的營運目標。而銷售目標或產品發表方面，分數低於 1.0 就算是失敗。

† 這項關鍵結果反映了，摩爾定律驚人的複合成長力量。當年，8MHz 算是極快的速度，不過現在你可以花 300 美元，買到一臺 Chromebook，速度超過 2GHz，快了 250 倍。

的達成率非常接近 100%，會被視為設定的目標過低，將惹上大麻煩。

自我評價

評估 OKR 表現時，設定者深思的主觀判斷也有參考價值。任何一季、任何一項目標，都可能得酌情考量。表面上評分不佳，背後可能藏有可敬的努力；即使評分亮眼，也或許是人為誇大的結果。

假設團隊的目標是爭取新顧客，你個人的關鍵結果是「打 50 通推銷電話」。結果，你只打了 35 通，原始得分是 70%。這樣算成功還是失敗？數據本身無法提供有用的資訊。不過，如果你有十來通電話，每一通都講了好幾個小時，結果爭取到 8 名新顧客，或許可以給自己 1.0 的滿分。反之，如果你一直拖延，匆匆完成 50 通電話，僅簽到一名新顧客，或許應該給自己 0.25 分，因為你其實可以更努力。（還有一點值得反省：關鍵結果是否應該以新增顧客為優先考量，而不是計較打了多少通電話？）

又或者假設你是一名公關經理，你們團隊的關鍵結果，是在全國規模的媒體上，刊出三篇宣傳公司的文章。結果，你只爭取到兩篇的媒體露出，但其中一篇是《華爾街日報》的頭版報導。照理說，你的原始分數是 67%，但你可能會說：「如果滿分為 10 分，我們團隊應該得 9 分，因為我們爭取到一篇極為重要的報導。」

Google 鼓勵員工，利用自己的 OKR 做自我評價，不過結果僅供參考，而不是直接採用分數。業務運作部門前資深副總裁舒娜・布朗（Shona Brown）向我解釋：「重點不在於他們的表現，落在紅燈危險區、黃燈臨危區或綠燈安全區，而是他們達到哪些不同凡響、與公司整體目標有關的成就。（如圖表 10-1）」畢竟，OKR 的重點，是要使所有人都投入正確的事。

圖表 10-1：評分與評價的四種情況

OKR	進度	評分	自我評價
爭取 10 名新顧客。	70%	0.9	市場嚴重衰退，要達成這項目標，比我起初預期的還要更難。我們爭取到七名新顧客，可以說是極佳結果，卻也花費了極大心思。
爭取 10 名新顧客。	100%	0.7	這一季才過了八週，我就已經達成目標。我因此認識到，自己把目標設得太低了。
爭取 10 名新顧客。	80%	0.6	爭取到八名新顧客，但這主要是因為我運氣好，而不是我非常努力。有一位顧客帶來了另外五名顧客。
爭取 10 名新顧客。	90%	0.5	雖然我爭取到九名新顧客，但卻發現當中七名貢獻的營收非常少。

有些人難免會對自己的評價太嚴苛，當然也會有人值得懷疑。不論是哪種狀況，都需要團隊領導人或機敏的協調者，跳下去幫忙、協助調整分數。最後，數字的重要性，很

可能遠遠不如相關的反饋，或是團隊中的討論。

OKR 評分能準確指出，工作上哪裡做對、哪裡又做錯了，以及團隊該如何改善，自我評價則能為下一季，帶來更優異的目標管理過程。重點不在批判，而是在於學習。

反省

OKR 的本質是以行動為依歸。但是如果行動是以嚴苛的標準，持續、不間斷進行，簡直無異於希望渺茫的苦役循環。在我看來，獲得滿足的關鍵是設定進取的目標，並達成其中大部分，然後暫停以反省這段時間的工作，最後再次投入循環之中。哈佛商學院一項研究發現，「直接從經驗中學習很有效，如果加上反省，還可以更有效。也就是說，要刻意從習得的經驗中，合成、萃取並且整理出關鍵的教訓。」[7] 哲學家暨教育家約翰・杜威（John Dewey）更進一步指出：「我們不是從經驗中得到教訓……而是藉由反省經驗得到教訓。」[8]

下列為總結 OKR 週期時，可以思考的一些問題：

- 是否達成全部目標？如果是，有哪些因素貢獻良多？
- 如果不是，我遇到了什麼障礙？
- 如果重設一項可以完全達成的目標，該如何修改？
- 我學到了哪些教訓，可以作為借鏡，改變下一個 OKR 週期的做法？

OKR 週期來到總結階段時，我們既能回顧過去，也展望未來。未完成的目標可能展延至下一季，並搭配全新一組關鍵結果；又或者目標已錯過時機，則必須適時放棄。無論如何，明智的管理判斷，都是最重要的。

還有一件事：充分評估工作並承認自己的不足之後，你應該喘口氣、回味一下自己的成就。不妨開個團隊派對，慶祝你們愈來愈強的 OKR 超能力。這是你們應得的。

第 11 章
追蹤：蓋茲基金會的故事

比爾・蓋茲
共同主席

帕蒂・史東希弗（Patty Stonesifer）
前執行長

2000 年，新興的比爾與梅琳達蓋茲基金會（Bill & Melinda Gates Foundation），成為史上空前的現象：坐擁 200 億美元的新創公司。雖然不久之前，比爾・蓋茲已不再擔任微軟執行長，他仍是公司的董事長和產品策略長。他必須設法引導蓋茲基金會的遠大抱負，適應不斷變化的現實情況，使自己這個極其忙碌、以行動迅速著稱的創業者，得以做出最好的抉擇。事情攸關愈重大的利害關係，追蹤進展、辨明潛在問題、脫離無路可走的困境、適時調整目標，自然亦愈發重要。

這個新生的組織揭竿而起，立下了一個大膽得無以復加的使命：「人人都值得過健康而豐富的生活。」領導人因此號召了一大群傑出人士，為全球衛生事業奉獻一生，還對他們表示：「別再著眼於漸進的小進步。如果你有無限的資源，會怎麼做？」

到了 2002 年，基金會的規模已大幅擴張，以至迫切需要更有組織的目標設定方法。執行長帕蒂・史東希弗在某次亞馬遜董事會議上，聽我介紹 OKR 之後，邀請我到蓋茲基金會展示這套方法。此後，就是 OKR 創造的歷史。

帕蒂・史東希弗表示……

我們眼前是一張白紙，上面寫著：「你想如何改變世界？」這是一份美好的禮物，但也帶來巨大的責任。如果你的目標如此遠大，該怎麼知道自己是否正取得進展？

我們強烈自覺必須為基金會的資本負責。比爾和梅琳達希望有一套適得其所、紀律嚴明的制度，引導我們作出艱難的抉擇。於是，我們借用吉姆・柯林斯提出的這道問題：「你可以在哪些方面達成世界頂尖？」得出答案後，便依此建立 OKR。我們認為，人人都應該過健康和豐富的生活，而比爾和梅琳達對於科技造就變革的作用極富熱情。如此觀念深植於我們的 DNA 裡。

有一段時間，我們利用一項全球健康指標「失能調整後生命年」（Disability-Adjusted Life Years，簡稱 DALY），作為數據導向的框架設定關鍵結果。例如，衡量我們對微量營養素的投資，與對抗河盲症（river blindness）的努力，各自帶來多大的影響力。DALY 指標引導我們聚焦在疫苗上，因為這對豐富的生命年（life year）影響甚鉅。如今，這項可靠的指標，由關鍵結果支持、鞏固。OKR 使一切變得非常清楚。”

“**比爾・蓋茲表示⋯⋯**

雄心勃勃、方向明確的目標在微軟總是超級重要。某種意義上，這是很自然的，因為我從年紀尚淺的時候，就認為軟體具有魔力。早期那些日子裡，電晶體數量猛然暴增，實在反映到裝置的性能上。我們了解晶片業者將帶來些什麼，而且當時這種進步完全不見盡頭。儲存器與通訊相關業者，同樣正在撰寫愈來愈優秀的程式。面板產業的進步沒那麼戲

梅琳達・蓋茲、帕蒂・史東希弗與比爾・蓋茲檢視 OKR，
拍攝於 2005 年。

劇性，但圖形使用介面（Graphical User Interface，簡稱GUI）也夠快了。萬事俱備，只欠東風：能讓裝置提供有趣功能的神奇軟體。我放棄了律師或科學家的穩當職業，因為如果能利用這種智慧（我稱為「指尖上的資訊」）做些什麼，實在是太迷人了。簡直令我興奮至極。

我和保羅・艾倫（Paul Allen）合夥創業前，我們就說過「要讓每張桌子上、每個家庭裡都有電腦。」IBM 和其他業界人士坐擁的資源和技術，其實遠遠超過我們，卻沒有以此為目標。他們不認為這是可能做到的，因此並沒有為此努力。但是，我們預見這將會實現。畢竟，根據摩爾定律，東西將變得便宜，並造就軟體產業突破發展。這些目標非常非常遠大，而我們早就開始為此努力。

那是我們的最大的優勢：目標比別人高。

使目標具體而實際

2000 年，梅琳達和我注入 200 億美元投資蓋茲基金會。忽然間，它既是一家新創事業，也是全球最大的基金會。而根據我們的支出規則，一年至少必須花掉 10 億美元。

我曾觀察安迪・葛洛夫利用子目標（關鍵結果）管理員工，也曾觀察過日本企業，並從中學到，當員工未能達成目標時，應該如何處理。我不認為自己發明了任何東西，但確實經過觀察而有所學。然後，帕蒂・史東希弗引進了「黃綠紅」的 OKR 系統，而它確實有效。當我們利用 OKR 審查補助金，我對於基金會追求的目標非常滿意。當時我還在經營微軟，時間很有限。帕蒂必須設法以有效率的方式和我協調，確保雙方意見一致。其中，目標管理流程占了非常重要的地位。我曾否決兩項專案，因為它們的目標不夠明確。OKR 系統使我確信，自己的決定是正確的。

我相當熱中於設定目標，但這些目標也必須正確好好管理。抗瘧疾團隊曾經認為，我們到 2015 年就能杜絕這種疾病，但這實在太不切實際。過於理想的目標，可能損害信譽。身處慈善事業界，我總是看到有人混淆了目標與使命。使命應該是帶有方向的，目標則有一系列的具體步驟，是你刻意投入執行，而且真的試圖要完成的事。設定雄心勃勃的

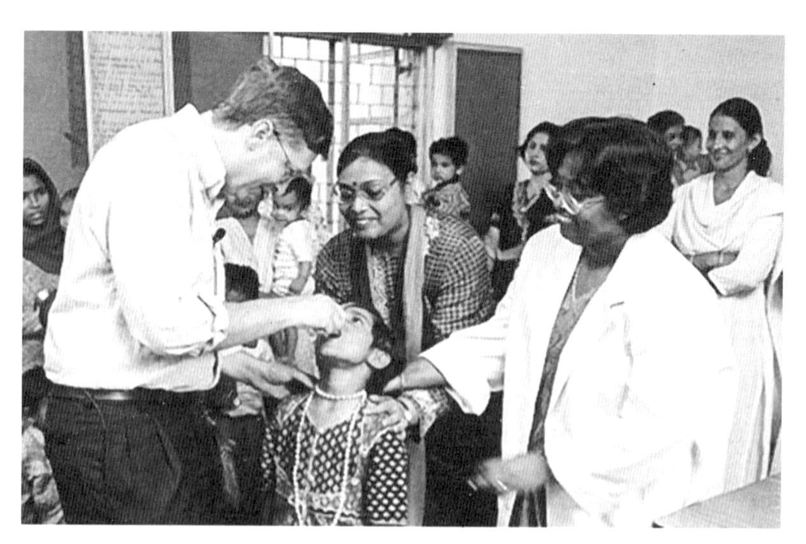

比爾・蓋茲在印度孟買，為一名兒童提供小兒麻痺口服疫苗，攝於 2000 年。

目標固然很好，但你知道該如何擴大運作規模？又如何測量進展嗎？

不過，我認為情況持續在改善。慈善事業界引進了更多人才，他們來自追求高績效的企業界，正在改變這個領域的文化。光是設定了一個很好的使命還不夠，你需要具體的目標，而且必須知道自己將如何達成它。”

“帕蒂．史東塞弗表示……

OKR 使我們可以既雄心勃勃，又紀律嚴明。作為測量標準的關鍵結果一旦顯示出，專案的進度不佳，或某項目標無法達成，我們將調整資金配置。當我們定下非常進取的最高層級目標，致力於根除幾內亞蟲症（Guinea worm disease），了解自己投入的金錢和資源能否取得成效，便是很重要的步驟。面對如此重大的目標，我們可以利用 OKR，設定季度和年度的關鍵結果。*

除非你設定某項真正的大目標，例如讓各地所有兒童都能接種疫苗，否則無法知道，哪一種或哪一些方法最重要。我們的年度策略檢討始於思考下列問題：「我們的目標是什麼？是要根除疾病，還是擴大疫苗接種規模？」然後就可以

* 隨著蓋茲基金會多次資助卡特中心，金額已逾千萬美元，幾內亞線蟲症通報案例，由2000年75,223宗降至2008年4,619宗，2015年再降到只有22宗。這種學名為「麥地那龍線蟲病」（dracunculiasis）的疾病，估計將成為人類史上繼天花之後，第二種遭根除的疾病。

設定比較務實的關鍵結果，例如全球疫苗免疫聯盟（GAVI Alliance，前身為 Global Alliance for Vaccines and Immunisation）的 80 ／ 90 規則：80%的地區達到至少 90%的接種率。你需要這些關鍵結果，契合日常的活動，然後隨著進展，持續設定更高的標準，以求達成最終真正的大目標。

老實說，有時我們可能根本就衡量錯標準。但我們總會努力，要求自己負起責任。私人基金會無法利用市場的影響力評估績效，所以必須密切注意所追蹤的指標，是否對於達成最終目標有所幫助。我們學得很快，有時必須中途改變追蹤的指標。例如，你發現了某種種子，可以倍增番薯的產量，因此非常關心相關數據。但結果沒有人想要這種種子，因為種出來的番薯必須花四倍的時間，才能在晚上煮熟。

設定大目標不容易，但不比制定具體的計畫困難：到底必須克服哪些障礙，才能達成這些目標？能與比爾和梅琳達一起工作，實在是件美事，因為他們希望看到進展，但也不怕設定大膽的目標。”

關於蓋茲基金會，我手邊還有一個好例子。人類一直在對抗蚊子，因為牠是地表上最致命的動物。* 2016 年，蓋茲基金會與英國政府合作，展開一項為期五年、動用 43 億美元的行動，希望根除致死率最高的熱帶疾病：瘧疾。經實證數據引導，他們已經擴大工作重心，由施打阻斷傳播的疫苗，轉為奉行全面的根除策略。

目標
2040 年前，根除全球瘧疾。
關鍵結果
1. 向世界證明，以根治為基礎的激進做法可以根除單一地區的瘧疾。
2. 為擴大規模做好準備，創造必要的工具：單一曝露根治與預防（Single-Exposure Radical Cure and Prophylaxis，簡稱 SERCAP）診斷。
3. 延續眼下的全球進展，確保環境有利於根除瘧疾的行動。

最高層級目標是消滅寄生於人類的瘧原蟲，尤其是抗藥性瘧原蟲。正如比爾・蓋茲本人承認，這並不容易。但它真的有可能成功，因為他的團隊持續追蹤真正重要的東西。*

* 世界衛生組織（WHO）的資料顯示，蚊子每年導致725,000人死亡。光是會傳播瘧疾的雌瘧蚊，2015年就造成429,000人死亡（最高致死人數為639,000人）。與其相比，人類每年平均殺死約475,000人，其他物種實在無法望其項背。

第 12 章
超能力 4：激發潛能，成就突破

最大的風險是完全不冒險。

——梅樂蒂・霍布森（Mellody Hobson）

OKR 促使我們遠離舒適圈，並且引導我們，爭取介於「力所能及」與「夢寐以求」之間的成就。還能激發新能力，催生更有創意的解決方案，徹底革新商業模式。企業若想長久昌盛，必得盡力創造新高峰。[1] 如同比爾・坎貝爾以前常說，如果企業「不持續創新，就會死掉。請注意我是說持續創新，不是持續重複。」[2] 目標設定得很保守會阻礙創新，而創新一如氧氣：沒有它，你贏不了。

如果你做出明智的抉擇，選定一些難以達成的目標，得到的報酬足以彌補所冒的風險有餘。柯林斯在《從 A 到 A+》（*Good to Great*）提到了一個令人難忘的說法「無畏艱難的目標」（Big Hairy Audacious Goal，簡稱 BHAG），能激發組織躍升至新層次：

BHAG 是巨大、艱鉅的目標，就像一座有待征

> 服的大山。它明確、引人注目，而人們能立即「理解」它。BHAG 是統一整合的努力焦點，當團隊奮力奔向終點時，它能鼓舞團隊精神、激勵士氣。如同 1960 年代美國太空總署的登月任務，BHAG 激發創造力，而且扣人心弦。[3]

結構化目標設定專家艾德溫・洛克（Edwin Locke）探究 10 多項研究，希望找出目標難度與實際成就之間的量化關係。他發現，雖然情況差異頗大，但結果是明確的。[4] 洛克寫道：「目標愈難，表現愈好……雖然相對於設定簡單目標的人，致力於艱難目標的當事人，達成目標的比例顯著較低，但表現總是高一個層次。」這些研究同樣發現，因為目標艱難而受考驗的員工，不但效率較高，而且更積極、投入工作：「設定具體的困難任務，也有助人們增強對任務的興趣，以及發現某項活動令人心曠神怡的層面。」[5]

2007 年，美國國家工程學院（National Academy of Engineering）要求若干思想領袖，如賴瑞・佩吉、未來學家雷・庫茲威爾（Ray Kurzweil）和遺傳學家克雷格・凡特（J. Craig Venter），選出 21 世紀的 14 項「重大工程挑戰」。經過一整年的討論之後，他們選定了一組典型的艱難目標，包括利用核融合產生能量、完成大腦的逆向工程、防止核武恐攻，以及確保網路空間安全，說到這裡，你應該抓到大方向了。

並非所有的艱難目標，都如此高深艱澀。它們有時只表示將「平凡」的工作做到不凡的水準。但是，無論所屬領域或規模大小，它們都符合我喜歡的創業者定義：

> 以沒有人料想到的最少資源，突破所有人預期的成就。*

無論處於新創企業，還是領導市場的公司，艱難的目標都可以增強創業文化。它能促使員工突破固有的極限，是追求卓越營運表現的推力。Edmunds.com 的數位長菲利普・波特洛夫（Philip Potloff）表示：「我們正致力改變汽車零售的運作方式，這不僅是巨大的挑戰，也是巨大的機會。要讓我們『改變產業』的瘋狂大目標實際可行，唯一的辦法是利用 OKR，所以它持續位居我們的工作核心。」

理想遠大的目標必須利用 OKR 的每一種超能力。要以創造真正改變的目標為方向，專注和決心是必要條件。也只有透明、協作、契合和緊密結合的組織，可以取得真正不凡的成就。而如果沒有量化追蹤進展，你如何知道是否已達成那項驚人的艱難目標？

---

* 相對之下，官僚則是以沒有人料想到的豐富資源，達成跌破眾人眼鏡、遠低於預期的作為。

兩種類型的 OKR

Google 將其 OKR 分為兩類：決心達成的目標，以及理想遠大（或稱「艱難」）的目標。這種區分的意義重大。

決心達成的目標與 Google 的業務指標掛鉤，包括與產品發表、訂單、聘雇和顧客相關服務。管理階層將這種目標設為公司層級，員工則是以部門層級處理它。一般而言，決心達成的目標（例如銷售和營收目標），必須在某個期限內百分百達成。

理想遠大的目標藍圖規模宏大、風險高，並且構想多半傾向以未來為導向。它們可能源自任何階層，旨在動員整個組織。追根究柢，這種目標必然難以達成。以 Google 而言，平均失敗率達 40%。

這兩類目標的相對比重，則由企業文化決定。不只因組織而異，也因時而異。領導人必須自問：未來一年，我們必須成為什麼類型的公司？是要靈敏、大膽開拓新市場，還是採取相對保守和務實的態度，鞏固既有的基礎？公司處於力求生存的狀態，還是手頭有資金可以下重注、以求偌大回饋？而我們的業務，眼下又需要什麼？

力求艱難目標的必要性

安迪・葛洛夫十分仰慕亞伯拉罕・馬斯洛（Abraham Maslow），這位 20 世紀中葉的心理學家，最著名的見解是「需求層次理論」（hierarchy of needs）：他認為，我們必須先滿足基本的需求（從最基本的食物和居所開始，然後是安全，接著是「愛」與「歸屬感」），才能追求較高層次的動機。而馬斯洛的需求金字塔，最頂層的項目正是「自我實現」。

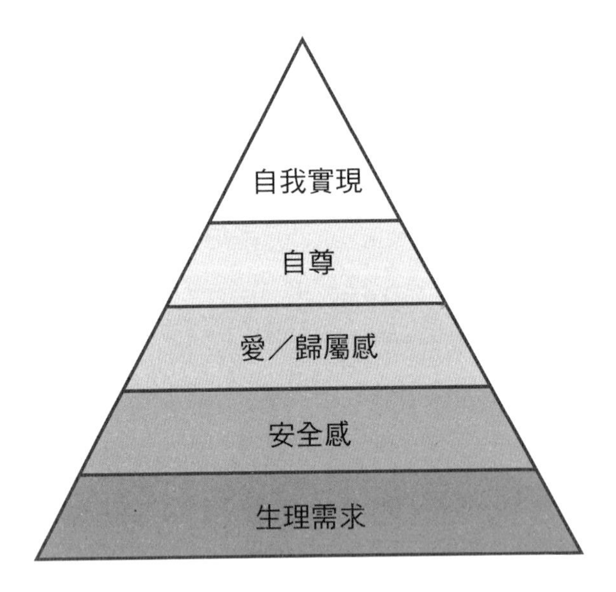

馬斯洛的需求層次理論以金字塔呈現，
底層為最基本的需求。

葛洛夫注意到一個有趣的現象：有些人完全不必督促，就會持續致力突破自身的能力極限，不斷創出個人最佳表現。這種員工從不自滿，是管理者夢寐以求的。但葛洛夫也明白，並非人人都是天生的成功者。對其他人來說，艱難的目標可以誘發最高的生產力：「如果你希望自己和部屬交出顛峰表現，設定這種目標極其重要。」[6]

英特爾重視懂得計算的冒險者，我正是在那裡學會自我挑戰、不怕失敗。「征服行動」是以征服 16 位元微處理器市場為目標，不容許失敗的一項行動。其中，銷售人員的表現，是以爭取到的設計案數量衡量，也就是能爭取到多少產品，以 8086 微處理器為基礎設計。在比爾・戴維多的領導下，專案小組設定了一項我所見過、最進取的目標：一年內（以日曆為準），爭取到 1,000 個設計案，比前一年足足多了 50%。處理器部門總經理戴夫・豪斯（Dave House）回憶後來的發展後說道：

> 這裡是英特爾，工作必須經過測量。我想是吉姆・拉利說，我們必須爭取到 1,000 個設計案。這是個明確的數字，不是比爾就是吉姆提出的……這似乎是個天文數字。然後我們在研擬計畫時，不知不覺數字變成了 2,000 個。最後，我們對前線銷售部門提出的目標，正是這個數字。[7]

2,000 個設計案意味著，平均每名推銷員每個月必須爭取到一個。也就是說，管理階層要求前線員工，將工作量增加到整整三倍之多，推銷一項非常不受歡迎的晶片產品，況且連長期客戶都頻頻掛他們的電話。銷售團隊當時處於深受挫折的狀態，如今公司卻要求他們征服聖母峰。最近，我跟比爾・戴維多談到這項如此困難的目標，他回說：「是我選擇 2,000 這個數字的，因為我認為我們需要一個團結點，而這就是團結點。」

英特爾為了激勵員工，祭出獎勵：所有達標的推銷員，都可以獲得大溪地雙人套裝行程。吉姆・拉利還加了一項巧妙的規定：地區辦事處只要有一人未能達到業績目標，全辦事處的人都領不到獎賞。起初，他們進度嚴重落後，專案小組甚至開始考慮放寬條件。但是，那年夏天，彩色的大溪地旅遊資料，莫名出現在每一名推銷員家中的信箱裡。到了第三季，進度落後的人感受到巨大的同儕壓力。[8]

同年年底，銷售人員爭取到超過 2,300 個設計案。8086 微處理器占據了市場的領導地位，英特爾的前途得到保障。幾乎所有推銷員都去了大溪地，這一切有賴艱難目標帶來的轉變。

10 倍進步的福音

如果說安迪・葛洛夫是理想型 OKR 的守護神，那麼賴瑞・佩吉就是現今的大祭司。在科技業，Google 代表無限的創新和不懈的成長。在目標與關鍵結果的世界，Google 以極其進取的目標著稱，也就是史蒂芬・李維所稱的「10

倍進步的福音」。[9]

來看 Gmail 的例子。早年的網頁式電子郵件系統，最主要問題在於儲存空間不足，往往只有 2 ～ 4MB。用戶被迫刪除舊郵件，以容納新進郵件，存檔根本是白日夢。Gmail 開發期間，Google 領導階層曾考慮提供 100MB 的儲存空間，這無疑是巨大的進步。但是，到了 2004 年，Gmail 開放給公眾使用時，100MB 的目標早已不合時節。因此，Gmail 提供的儲存空間整整有 1GB，是許多競爭對手的 500 倍。用戶可以永久保存電子郵件，數位通訊就此永遠改變了。

各位，這就是無畏艱難的大目標。Gmail 並非只是改良既有系統，而是徹底改造了服務，迫使競爭對手以「量」為標準，提升競爭水準。像這樣追求 10 倍進步的思想，在任何領域、任何舞台都很罕見。正如賴瑞・佩吉觀察到的，多數人「傾向假定辦不到某些事情，而不是從現實物理出發，釐清可以真正做到哪些事情。」[10]

史蒂芬・李維在《連線雜誌》(*Wired*) 上解釋：

> 在佩吉看來，進步 10%進步意味著，你正在做和所有人一樣的事。你應該不會慘敗，但也一定不會一鳴驚人大獲全勝。
>
> 因此，佩吉期望 Google 人，創造比對手好 10 倍的產品和服務。這意味著，他不會滿足於發現若干可提升效率的癥結點，或是些微修改程式以求小

幅進步。若想實現1000%的進步，就必須重新思考問題，探究技術上可行的步驟，並且享受這個過程。[11]

Google遵循著安迪・葛洛夫的老標準，理想型OKR的達成率以60～70%為目標。換句話說，公司預期至少有30%無法達成，而這已經算是成功！

Google不乏巨大的失誤，從Helpouts到Google Answers皆是。70%的理想型目標達成率代表了，不時會有登月般困難的任務，而公司當然也必須願意承受失敗。起初，沒有一

艾瑞克・施密特、賴瑞・佩吉和賽吉・布林，以及Google的第一輛無人駕駛汽車，攝於2011年。這就是爭取10倍進步的行動結果！

項目標看似可行。[12] Google 人因此被迫思考更困難的問題：應該考慮哪些激進、高風險的行動？該「停止」執行哪些事情？應該把資源轉投入哪些領域，或是尋找新夥伴？結果到了截止期限，那些看似不可能的目標，不知不覺就完成了大半。

彈性調整

為求成功，艱難的目標不能像是目的地不明的長征，也不能由高層強制推行，無視前線的實際情況。團隊有如橡皮筋，拉太快、拉太長都可能斷裂。奮力追求高風險目標時，最重要的是員工的決心。[13] 領導人必須傳達下列兩項訊息：這項結果的重要性，以及相信它是可以達成的信念。

當「登月任務」失敗後，少有組織具備 Google 那般豐富的資源可以仰賴。因此，任何組織都會有風險承受度區間，數值可能會隨著時間改變。公司容錯的空間愈大，愈是可以伸縮自如。舉例來說，無論領導人怎麼說，40％的 OKR 失敗率都看似過於冒險，而且太令人氣餒了。對於坐擁高成就的人或組織來說，不夠完美就足以打擊士氣。RMS 公司前人資主管艾蜜莉亞・梅瑞爾（Amelia Merrill）表示：「我們公司的學位比員工還要多，這裡的人都習慣拿到 A 等，不拿 B 等。在文化上，他們真的很難適應無法拿到 100 分。」

MyFitnessPal 的李邁克，將所有 OKR 視為決心達成的目標。它們確實是困難重重、要求頗高，但也是可以完全達成的。李邁克說：「我嘗試根據自己的認知，設定我們該有的標準。一旦達成全部目標，我會非常滿意這樣的進展。」這種做法十分合理，但不是沒有風險。當達成標準提高到90%時，邁克的員工會不會就此退縮迴避？在我看來，領導人設定的目標，最好是能至少溫和考驗員工能力的。假以時日，隨著團隊和個人累積足夠的 OKR 經驗，他們的關鍵結果將變得更精準、進取。

目標該有「多難」，其實並沒有標準答案。但請思考下列問題：你的團隊將如何創造最大的價值？何謂「出色」的表現？如果你以表現優異為目標，先努力追求出色的表現，會是很好的第一步。不過，正如安迪・葛洛夫明確指出，無論如何，都不應該止步：

> 你知道，在我們這一行，必須替自己設定不自在的艱難目標，然後達成。接著，慶祝 0.01 秒後，又要再設定另一組難以達成的目標，然後再次達成。而達成這些艱難目標的獎勵，是你可以再次參與其中。[14]

第 13 章
激發潛能：Google Chrome 的故事

桑德爾・皮蔡（Sundar Pichai）
Google 執行長

開發 Loon 計畫和自駕車專案的 Google X 團隊領導人艾斯特洛・泰勒（Astro Teller），對艱難目標的定義相當精彩：「如果你希望自己的汽車，可以用 1 加侖（約 3.79 公升）汽油跑 50 哩(約 80.47 公里)，可以試著調整一下裝備。但是，如果我告訴你，1 加侖汽油必須跑 500 哩，你就得重頭開始。」[1]

2008 年，桑德爾・皮蔡是 Google 的產品開發副總裁。他和團隊發表 Chrome 瀏覽器時，無疑等於重頭開始。在亟欲成功又不怕失敗的情況下，他們利用 OKR 鞭策自己，使產品和公司取得驚人的表現。如今，無論在行動裝置或桌機平台上，Chrome 都是遙遙領先的網路瀏覽器。儘管你將看到他們這趟旅程不乏波折，但是，正如賴瑞・佩吉所說：

「當你定下一項雄心勃勃的瘋狂目標，就算結果未能達成，仍將取得某些非凡的成就。」[2] 如果你以星星為目的地，或許到達不了，但很可能得以登上月球。

桑德爾・皮蔡的職涯，簡直是個人達成艱難目標的實例。2015 年 10 月，桑德爾不過 43 歲，便已成為 Google 第三任執行長。如今，他管理的組織員工數逾六萬，年營收超過 800 億美元。

桑德爾・皮蔡表示⋯⋯

我成長於 1980 年代的印度南部，當時能接觸到的科技產品，比現在少得多了。不過，它們依然對我的生活產生巨大的影響。我爸爸在大都市清奈（Chennai）擔任電機工程師，但我們的生活不大寬裕。要在家裡裝電話，還是那種轉盤電話，必須等上三、四年。家裡終於裝電話時，我 12 歲。那是一件大事。鄰居會來我家打電話。

我還記得裝電話之前和之後，生活有什麼不同；這一個裝置改變了很多事情。我家有電話前，媽媽會說：「你可以去醫院看看，驗血報告出來了嗎？」然後，我會搭公車去醫院，再排隊詢問，對方通常會告訴我：「還沒有，你明天再來吧。」我再搭公車回家，這一趟往返整整花了三小時。裝上電話之後，我只需要打電話去醫院，就能知道結果。現在，我們視科技為理所當然，而且它還不斷進步。但我曾體驗過那些斷層的瞬間，使用前與使用後的改變，是永遠難忘的。

我讀完每一本力所能及的電腦和半導體相關書籍。我渴望到矽谷工作，這意味著我得考上史丹佛大學。這是我的目標：參與那裡發生的所有變革。我想，某種程度上，或許是小時候能接觸到的科技產品太有限，我才會更熱烈渴望加入科技業。想像的力量驅使著我。

嶄新的應用程式平台

我曾在聖塔克拉拉的應用材料公司（Applied Materials）擔任研發部工程師長達五年。那段期間，我有時必須拜訪英特爾，每次踏進他們的公司，就能感受到安迪・葛洛夫的組織文化。英特爾是家紀律嚴明的公司，連最細微的事也有規矩。（我依稀記得，在那裡喝的每一杯咖啡都必須付錢。）身處半導體產業，你必須條理分明地設定，並且達成目標。因此，在應用材料的工作經驗，有助我以更要求精確的態度，去思考目標。

隨著網際網路持續發展，我看到它的巨大潛力。我對 Google 所做的一切極有興趣，因此廣泛閱讀相關資料。他們發表 Deskbar 這項產品時，我實在非常興奮。因為，使用者不必打開網路瀏覽器，就可以在 Windows 系統上，利用工作列上的一個小視窗，搜尋網路資料。你需要它的時候，它就在那裡，其他時候不會妨礙你。Deskbar 是早期的一項成長工具，為 Google 增加許多用戶。

2004 年，我加入 Google 擔任產品經理，當時公司仍以搜尋為中心。同年也是 Web 2.0 躍上舞台的一年，是用戶生產內容和 AJAX * 興起的一年。早期的網路是內容平台，但後來快速轉變為應用程式平台。我們都目睹網際網路展開了典範轉移，而我意識到，Google 將位居核心。

我的第一項任務，是擴大 Google 工具列的規模和通路，讓它可以加入任何一種瀏覽器，方便用戶使用 Google 搜尋的服務。這項任務設計得很好，時機也正確。短短幾年間，我們的工具列用戶增加超過 10 倍。這是我第一次見識到，雄心勃勃的艱難 OKR 蘊藏的威力。

重思瀏覽器

那時，我們已經成立一支團隊，專門開發客戶端軟體，這對 Google 來說是全新的挑戰。我們有人協助改善 Mozilla 的火狐（Firefox）瀏覽器。到了 2006 年，我們開始重思瀏覽器，將它設想為幾乎等同於作業系統的運算平台，以便人們在網路上寫應用程式。這種基礎的想法，後來衍生出 Chrome 瀏覽器。我們知道，我們需要一種多重處理架構，使每一個分頁得以獨立運行。如此一來，當某個程式當機時，可以保護用戶的 Gmail。我們也知道，JavaScript 的運算速度必須大幅提高。不過，我們的任務在於，竭盡所能開發一款最好的瀏覽器。

執行長施密特了解，從頭開發一款瀏覽器，是非常艱鉅的任務，但他也表示：「你們要做，最好認真做。」如果 Chrome 並非截然不同，不比市面上既有的瀏覽器好得多又快得多，我們沒有理由繼續進行。

2008 年，Chrome 終於問世。我們的產品管理團隊，擬定了一項最高層級的年度目標，將永遠影響 Google 的未來：「開發新一代的客戶端網路應用程式平台。」而主要關鍵結果是：「Chrome 的一週活躍用戶數達到 2,000 萬人。」

提高目標

Google 人都知道，公司的 OKR 環境中，（平均）70％的達成率就算成功。你不該奮力達成自己設定的全部 OKR，因為這代表團隊的能力沒有受到考驗。不過，這當中有一股內在張力的作用，因為如果你沒有強烈的成功欲望，根本進不去 Google。作為團隊領導人，你當然不希望自己到了季末，必須對著全公司的同事解釋，自己做錯什麼、又有多麼失敗。這種壓力與不安，驅使我們許多人英勇犯難以免落入窘境。但是，就算你幫團隊設定的目標正確無誤，有時候還是難免失敗。

賴瑞總是善於提高公司的 OKR 目標。他的某些用詞，總令我印象深刻。例如，他希望 Google 人「興奮之餘心有

* 一種網頁開發技術，用戶不必重新載入網頁，或重新整理瀏覽器，就能與伺服器互通有無。

不安」(uncomfortably excited),他希望我們「對於不可能抱持著健康的不以為然態度」(a healthy disregard for the impossible)。我試著在產品團隊如法炮製。設定一組大有可能失敗的 OKR 需要勇氣,但如果你追求卓越,便沒有第二條路。我們刻意定下目標,要在年底前讓一週活躍用戶數達到 2,000 萬。大家都心知肚明,這項目標異常艱困,畢竟,我們是從零開始。

身為領導人,你必須試著試煉團隊,同時又不能讓他們覺得目標遙不可及。我當時覺得,我們不大可能及時達成目標。(老實說,我認為我們根本辦不到。)但是我也同意,持續考驗我們的能力、力求突破極限非常重要。我們的艱難 OKR 賦予團隊方向,以及衡量進度的標準。它讓我們避免自滿,促使我們每一天持續思考做事的框架。這一切都比在指定期限內,達成某項有點隨意的目標來得重要。

Chrome 推出後不久,只能掙扎著爭取 3% 市占率的時候,我們得知了一個意外的壞消息。Chrome 的 Mac 版本進度大幅落後,我們只能靠 Windows 用戶湊齊 2,000 萬名使用者的目標。

但我們也接到好消息,使用者很愛 Chrome,而且開始產生複合成長效應。雖然產品有些瑕疵,我們讓大眾認識到,Chrome 提供了瀏覽網路的新方式。

深入挖掘

Google 代表速度。這家公司不時發動戰爭，致力解決損害用戶體驗的數據傳輸延遲問題。2008 年，賴瑞和賽吉寫下一項真正引人注意的美妙 OKR：「我們應該使網頁瀏覽速度，就像翻閱雜誌那麼快。」這激勵了整家公司努力思考，如何將產品做得更好、更快。

Chrome 專案中，我們設定了一項次級 OKR，以大幅增加 JavaScript 的執行速度。這項目標致力於使網路上的應用程式運作順暢，如同下載到桌面上的程式。我們設定了一項追求 10 倍進步的「登月」目標，命名為 V8，與那款高效能的汽車引擎同名。而且，我們運氣很好，找到丹麥程式設計師拉斯・巴克（Lars Bak）；他曾替昇陽公司設計虛擬機器，擁有十多項專利，是他所屬領域的頂尖高手。他來到我們這裡，毫不吹噓表示：「我可以將速度提高非常非常多。」短短四個月內，他就把 Chrome 的 JavaScript 執行速度，提高到火狐的 10 倍。兩年內，甚至快了 20 倍以上，實在是不可思議的進步。（艱難的目標有時看來沒那麼雄心勃勃。不過，《Google 總部大揭密》作者史蒂芬・李維在書中表示，拉斯曾告訴他：「我們有點低估了自己的能力。」）

艱難的 OKR 是以激烈的運動去解決問題。有了 Google 工具列的經驗後，我很清楚如何度過不可避免的低谷。我對我的團隊保持審慎樂觀的態度，當我們面臨流失用戶的問題，我會跟他們說，我們來做個實驗找出原因、解決問題。如果癥結在於相容性，我會派一小組人專門研究。我努力設想周到、做事有條理，避免情緒化的態度，因為我想這樣會所用幫助。

我們的登月文化推動 Google 前進。要實現極端的雄心壯志，就得付出極端的努力。我們團隊的認知非常正確，他們知道 Chrome 若成功，最終將吸引數億名用戶。在 Google，當我們發明任何新產品，總是會想：我們該如何擴大規模至 10 億名用戶？一剛開始，這個數字不太實際。但隨著可衡量的年度目標定下，將問題拆為多個部分，再執行過一季又一季，登月就不再那麼遙不可及。這是 OKR 的最大好處之一。它提供了明確的量化目標，使我們逐步達成品質上的突破。

當我們未能達成 2008 年 2,000 萬名用戶的目標，促使我們更深入思考問題。我們不曾放棄目標，只是改變了思考方式。我試著跟團隊溝通：「沒錯，我們確實沒有達到目標，但我們正在奠定突破障礙的基礎。現在，我們將如何改變做法？」身在到處都是聰明人的組織裡，你最好能好好回答這道問題，因為你不可能蒙混過關。在 Chrome 的例子中，我們必須回答一個非常基本的問題：為什麼說服別人試用新的瀏覽器那麼困難？

因此，我們受到鼓舞，積極尋找新的通路合作案。過程中我們發現，人們不清楚瀏覽器可以替他們做什麼。於是，我們轉向利用電視行銷解釋。我們的 Chrome 廣告，是 Google 歷史上規模最大的非線上行銷專案。許多人仍記得「親愛的蘇菲」（Dear Sophie）那個廣告，* 它描述一名父親，從女兒出生起就製作數位剪貼簿，記錄她的成長過程。這個廣告顯示，用戶可以利用我們的瀏覽器，連結許多網路應用程式，從 Gmail 到 YouTube 和 Google 地圖。它以應用程式平台的形式，引導人們上線。

屢敗屢戰，終於成功

成功並非一蹴而就。2009 年，我們再為 Chrome 設定了一項艱難的 OKR：一週活躍用戶數達到 5,000 萬。結果，我們再次失敗，年底時只有 3,800 萬名活躍用戶。我並未因此氣餒，所以提議 2010 年以 1 億名用戶為目標。不過，賴瑞認為我們應該更積極進取。他指出，當時全球總共有 10 億名網路用戶，我的目標只是其中 10%。我反駁說，以 1 億名用戶為目標，其實已經非常雄心壯志。

賴瑞和我最終敲定，目標為 1.11 億名用戶。這屬於典型的艱難目標。我們知道，為了達到目標，必須改造 Chrome 的業務模式，考慮新的成長方式。我們再次面臨同樣的問題：我們將如何改變做法？二月，我們擴大了與代工（OEM）夥伴的配銷合作。三月，我們展開名為「Chrome

---

* www.whatmatters.com/dearsophie。

Fast」的行銷專案，提高產品在美國的知名度。五月，我們推出 OS X 和 Linux 版本的 Chrome，擴大了用戶族群。我們的瀏覽器，終於不再是只能在 Windows 上使用的產品。

進入第三季頗久之後，我們能否達成目標仍是未知數。數週後，到了第三季季末，我們的總用戶數已經從 8,700 萬大增至 1.07 億。不久，我們的一週活躍用戶數達到 1.11 億，目標大功告成。

如今，光是行動裝置，Chrome 就有超過 10 億名活躍用戶。如果沒有設定目標與關鍵結果，我們不可能取得這種成就。OKR 是我們在 Google 思考一切的方式，一路走來，始終如一。

桑德爾在 2013 年 Google I/O 開發者大會上，發表他的 Chrome 簡報。

新領域

我的父親成年時，電腦運算意味著動用大型主機，必須有系統管理員和巨大的支援團隊。當時，電腦非常複雜，也一點都不平易近人。等到我開始負責 Chrome 專案時，終於意識到父親只是想要用簡單又直接的方式上網。簡單的東西總是令我著迷不已。雖然 Google 搜尋可以辦到各種複雜的任務，用戶所體驗到的，卻是易如反掌。我希望我們的瀏覽器也是這樣：無論你是印度孩童，還是史丹佛大學教授，都能獲得一樣的體驗。只要你有電腦和不錯的網路連結，便會覺得使用 Chrome 真的非常簡單。*

2008 年，我父親退休時，我送了他一部小筆電，並說明如何使用 Chrome。然後，神奇的事發生了：技術問題不復存在。這個日益豐富的網路應用平台，可以搞定他需要的一切。一旦登入瀏覽器，他完全不必再打開另一個應用程式，也不需要再下載任何軟體。他沉浸在一個簡單美好的新世界裡。

我進入 Google 後，很早就開始內化一種習慣：不斷想像如何開拓新領域，例如從工具列到 Chrome。你永遠不能

---

* 我何其幸運，可以參與Chrome專案，甚至和團隊的工程主管萊納斯．厄普森（Linus Upson）共用辦公室。我每天結束工作時，都無法確定萊納斯是否已經下班，因為他的辦公桌總是那麼乾淨。（如果他有一支筆擺歪了，我就知道我們遇到了麻煩。）李納斯狂熱追求極簡。Chrome的使用者體驗如此順暢，他的功勞不容小覷。

停止尋求突破。我父親的經驗促使我們思考，能否設計一套同樣簡單又安全的作業系統，以 Chrome 瀏覽器作為使用者介面？還有，我們是否可以設計一款 Chromebook 筆電，一方面採用這套作業系統，又能一鍵直接連結到雲端上的各種應用程式？

不過，這些構想將是以後的艱難目標。”

第 14 章
激發潛能：YouTube 的故事

蘇珊・沃西基（Susan Wojcicki）
執行長

克里斯托斯・古德洛（Cristos Goodrow）
工程副總裁

Google 設定艱難目標的故事非常多，如果只講一則，感覺很不完整。因此，這一章要再講一則故事，是關於 YouTube，以及他們如何利用能激發潛能的艱難 OKR 的超能力，實現驚人的成長。

根據《時代》雜誌的評估，蘇珊・沃西基是「網路世界最有權的女性」。[1] 打從一開始，她就是 Google 的核心成員，甚至在她成為 Google 第 16 名員工、第一位行銷經理之前，就已經是重要人物。1998 年 9 月，Google 註冊成立公司後不久，蘇珊將她位於門洛帕克的車庫，租給 Google 當作第一間辦公室。八年之後，當許多分析師懷疑 YouTube 的存續時，她發揮重要作用，說服 Google 董事會收購 YouTube。蘇珊很有遠見，預見了線上影片將打擊電視業務，並且永遠改變業界的生態。

到了 2012 年，YouTube 已成為領導市場的巨擘，和全球最大的影音平台之一。但是，這家公司原本快速的創新步伐顯著放慢了。而且，一旦踩下煞車，要再次加速便沒那麼容易。當時，蘇珊已經晉升為 Google 廣告與商務部門資深副總裁，並且徹底改造 AdWords，還構想出利用網路廣告賺錢的新管道 AdSense。（老實說，她簡直是 Google 兩大營收來源，背後的重要人物。）2014 年，她成為 YouTube 的新任執行長，繼承了前所未見、獨一無二最進取的目標之一：四年內，YouTube 用戶每日觀看時間必須達到 10 億小時，也就是得成長 10 倍。但是，蘇珊不願意不惜代價追求

蘇珊・沃西基和她位於門洛帕克的車庫，也是一切開始的地方。

成長，而是希望以合理的方式達到目的。所以，她和 YouTube 資深工程主管克里斯托斯・古德洛，面臨一項艱鉅的任務，過程中每一步，都得仰賴 OKR。

艱難的目標令人振奮。當一家已有根基的組織，決心追求徹底的質變進步，便能重新建立急迫感，最終獲得巨大的好處。一度讓 YouTube 陷入困境的網路影片業務，已擴展至擁有超過 10 億名用戶，接近網路總人口的三分之一。網站可以在 80 個國家以上瀏覽，提供 70 多種語言選擇。而且，光是行動平台接觸到的 18 ～ 49 歲受眾，就超過任何一家有線電視或廣播網絡公司。

這種成就絕非偶然，也不是單一洞見能夠促成的。它有賴多年來嚴謹執行工作計畫，與認真注意細節的公司文化，以及 OKR 賦予的結構與紀律。此外，YouTube 開始追逐它極端大膽的目標之前，必須先確定，如何衡量最重要的事。

蘇珊・沃西基表示……

我將車庫租給賴瑞和賽吉時，壓根對 Google 這家公司沒興趣，只想收租。不過，我因此有機會認識他們，了解他們對各種事物的看法。原本我想要自己創業，但是後來卻領悟到，賴瑞和賽吉比我更有條件執行我的創想。然後，有一天，Google 搜尋故障，讓我無法完成工作。我意識到 Google 已經成為一項不可或缺的工具，沒有它我簡直活不下去。所以我想：它將變得對所有人而言，都非常重要。

1999 年秋天，約翰・杜爾到訪介紹 OKR 時，我也在現場。當時，我的車庫已經容納不下 Google，所以我們搬到了山景城灣岸 2400 號，昇陽公司一家舊廠房內。建築物整體可能有 4.2 萬平方英尺（約 1,180.33 坪），我們占用的面積還不到一半。另一半的空間，我們用來開全體會議，也是在那裡聽取約翰的 OKR 報告。我還記得他是這樣解釋：「這是一項目標。這是一項關鍵結果。」也記得他用美式足球隊的例子，說明如何執行 OKR。有一天我整理檔案時，發現約翰報告那天使用的簡報資料，還是那種透明的塑膠投影片。顯然，這真的是很久以前的東西了。

面對清楚知道自己在說什麼的人，賴瑞和賽吉相當擅長傾聽。我很確定他們曾與約翰爭論，但同時還是懂得傾聽。因為他們從來不曾經營過一家公司，甚至沒有在任何一家公司工作過。約翰出現，並且告訴我們：「你們可以用這套方法經營公司，它是可以衡量、也能追蹤的。」賴瑞和賽吉光憑直覺，便理解了「可衡量」的意思，而且英特爾也採用 OKR 這件事，理應同樣打動了他們。英特爾實在是非常巨大的公司，相較之下，我們當時還很渺小。

根據我們在 Google 的經驗，我認為對於正要建立自身文化的年輕企業，OKR 這套制度特別有用。當你規模還小、資源不多時，清楚知道前行方向尤其重要。這就像教養小孩時，如果你從小就容許他們沒規沒矩，等到他們踏入青少年才說：「現在開始你們要遵守這些規則」，事情肯定會相當困難。可以的話，最好一開始就定下規則。不過，我也看過一些成熟的公司徹底大轉彎，不僅換血也改變了工作流程。因此，企業採用 OKR 從不嫌早，也絕不嫌晚。

OKR 需要組織。你需要一名領導人大力支持這個制度，還要一名副官督促員工，完成評分和檢討。我幫助賴瑞管理 OKR 時，會跟他的領導團隊開那種長達四小時的會議。會議中，他質疑公司的每一項目標，領導團隊則必須提出有力的辯解，並且確保目標清晰。Google 的 OKR 指示，往往是由上而下布達的，但是往往會經過與團隊中的專家大量討論，而且關鍵結果也是慎重交流下的產物：這是我們想要前往的方向，現在請告訴我們，你將如何到達目的地。這種漫長的會議，使賴瑞得以強調出自己重視的事，同時宣洩不滿，尤其是針對與產品有關的 OKR。他會說：「告訴我你們現在的效率如何。」然後質問：「為什麼你們不能將時間減半？」

雖然，Google 如今相當多元、龐大，難以將我們執行的每一件事，與所有人溝通協調。直到現在，我們每一季還會利用特別的視訊廣播系統，進行有關最高層級 OKR 的全體會議。有一次的全體會議讓人特別難忘，我的前一任 YouTube 執行長薩拉・卡曼加（Salar Kamangar）做了一件神奇的事：完整細數這家公司所有的 OKR。（無論什麼事，薩拉都能說明來龍去脈。）如今，細節討論基本上都在各個團隊中進行。不過，Google 內部網路的公司和團隊頁面上，還是可以看到即時更新的 OKR，而且所有員工都可以瀏覽和評論。

如果你無法打敗他們……

2005 年，我們推出免費的影音分享網站 Google Videos，比 YouTube 早一個月。我們上傳給用戶觀看的第一段影片，是一隻紫色布偶唱著一首不知所云的歌。賽吉和我不確定這有什麼意義，但我的孩子看了之後喊道：「再播一次！」我們因此明白，這提供了一種新機會，人們可以利用這個管道製作影片，再分享給全球的觀眾。於是，我們著手建立使用者介面，然後意外出現第一段爆紅影片：兩個孩子在宿舍裡唱「新好男孩」（Backstreet Boys）的歌，背景是一名室友在做功課。我們也提供一些專業製作的影片，但用戶提供的影片比較受歡迎。

不過，Google Videos 的主要缺點在於，影片上傳會有延遲，完全違反了 Google 產品開發「必須要快」的規則。用戶上傳的影片，不能立即觀看，但 YouTube 卻可以，這是個大問題。等到我們解決問題時，已經損失了不少市占率。YouTube 的影音串流量，是我們的三倍，但卻在財務上陷入困境。用戶的要求如洪水般湧入，他們迫切需要資金打造基礎建設。顯然，他們必須出售股權。

我看到了機會，可以合併 Google Videos 與 YouTube。於是，我做了一些試算表，說明 16.5 億美元的收購價絕對合理，Google 付出的錢可以賺回來，然後就此說服了賴瑞和賽吉。到了最後關頭，兩位創辦人要我帶著試算表出席董事會議。會議上，我們討論了很多問題。雖然董事會不完全相信我假設的用戶年增率，最後還是同意收購 YouTube。這實在很有趣，因為一直到現在，YouTube 的業務還是可以快速成長。”

先放大石頭

“克里斯托斯．古德洛表示……

2011 年 2 月，我從 Google 產品搜尋（Product Search）轉到 YouTube 工作，比蘇珊早三年加入團隊。當時，YouTube 的 OKR 需要整頓。因為，這家公司約有 800 名員工，每一季產生數百組 OKR。各團隊都會開一份 Google 文件，然後開始輸入目標，於是平均每 10 人就有 30 ～ 40 項目標，而實際達成的不到一半。

工程師設定目標時，常會出現兩大問題。首先，只要他們覺得是好主意，就不願意劃掉；此外，他們習慣性低估完成任務需要的時間。我在產品搜尋部就見識過這種問題，他們會堅持：「相信我，我很能幹，一定可以完成『更多』工作。」要將團隊目標縮減至三、四項，需要很強的紀律，但這意義重大。我們的 OKR 變得比較嚴謹，所有人都知道什麼事最重要。我在 YouTube 接手搜尋與發現（search and discovery）業務之後，整頓 OKR 也就理所當然。

然後薩拉・卡曼加將 YouTube 技術事務的日常管理工作，交給什西爾・梅若特拉（Shishir Mehrotra），而什西爾幫助整家公司集中精力。他引用史蒂芬・柯維著名的「大石頭理論」：假設你有一些石頭、若干小卵石和一些沙子，目標是盡可能將這些東西，都裝進一加侖（約 3.79 公升）大的寬口瓶裡。此時，如果你先放進沙子，然後放小卵石，便沒有足夠的空間放進所有石頭。但是，如果你先放石頭，再放小卵石，最後才放沙子。那麼，那些沙子將填滿石頭之間的空隙，所有東西都放進去了。換句話說，最重要的事必須要先做，否則便無法完成所有要事了。

但是，YouTube 的「大石頭」是什麼呢？員工做自己的事，百花齊放，卻沒有人能辨明最高層級的 OKR。於是，領導階層表示：「大家的想法都很好，但是能否從中找出幾項目標，作為本季和今年的大石頭呢？」此後，YouTube 人人都知道，我們最優先的任務是什麼，所有的大石頭都可以放進瓶子裡了。

這是邁向目標的一大步，而這項目標將占用我接下來四年的時間。

更好的指標

YouTube 已經找到賺錢的方法，但還不確定如何提高觀看人數。對這間公司和我來說，實在非常幸運，Google 搜尋團隊有一名工程師已經走在我們前面。一支名為 Sibyl 的專責團隊裡，吉姆・麥克費登（Jim McFadden）正在開發一套系統，能挑選出建議用戶接著觀看的影片。它有巨大的潛力，或許可以顯著增加影片觀看次數。但是，這真的就是我們的目標嗎？

一如微軟執行長薩帝亞・納德拉（Satya Nadella）曾指出，在運算能力幾乎無限的世界裡，「真正愈來愈珍貴的，是人們的注意力。」[2] 如果用戶花更多寶貴的時間，觀看 YouTube 影片，他們必然是比以前更滿意這些影片。這是一種良性循環：用戶滿意，花更多時間看影片，帶來更多廣告收入，激勵更多人提供影片，進而吸引更多人觀看影片。

我們真正珍視的，不是觀看次數或點擊率，而是用戶的觀看時間。這當中的道理無可否認。YouTube 需要一項新的核心指標。

眞正重要的，只有觀看時間

2011 年 9 月，我發了一封挑釁的電子郵件，給我的上司和 YouTube 領導團隊。主旨是：「觀看時間，真正重要的只有觀看時間。」它呼籲我們衡量成功的標準：「當所有其他條件平等時，我們的目標在於增加（影片）觀看時間。」對許多 Google 人來說，這有如異端邪說。Google 搜尋的設計就像總機，能盡快將用戶送到他們的最佳目的地。盡可能增加觀看時間的做法，則與這種理念背道而馳。此外，增加觀看時間不利於觀看次數，而用戶和影片提供者，卻都重視這項關鍵指標。最後，改善觀看時間將顯著損害收入，至少起初是這樣。因為 YouTube 僅在影片開始前播出廣告，觀看次數減少代表廣告播出次數減少，而這又將導致收入減少。*

我則認為，Google 與 YouTube 本質上就不同。為了盡可能突顯兩者的差異，我提出一種狀況為例：當用戶上 YouTube 輸入關鍵字「如何打領結？」而我們有兩段相關影片。第一段只有一分鐘，能快速、準確教你如何打領結。第二段影片則長達十分鐘，充滿笑料、娛樂性很豐富。我問同事：哪一段影片應該排在搜尋結果第一位？

Google 搜尋部門的同事會毫不猶豫表示：「當然是第一段。如果用戶來 YouTube 是想知道如何打領結，我們當然應該幫助他們學會打領結。」

但是我會說：「我想給他們看第二段影片。」

於是搜尋部門的同事就會抗議：「為什麼你要這麼做？那些可憐人只想學會打領結，然後去參加活動！」（他們很可能會想：這家伙神經病。）但我的理由是，YouTube 的使命與 Google 搜尋根本不同。用戶想學打領結完全沒問題，而且如果他們只想學打領結，就會選擇那段一分鐘的影片。但這不是 YouTube 真正重視的事，絕對不是。我們的任務是留住用戶在 YouTube 消遣。如果有一段十分鐘的影片，用戶看了七分鐘（甚至只看兩分鐘），必然要比看完那段一分鐘的影片開心一些。用戶愈開心，我們也就愈開心。

這場爭論長達六個月，但我贏了。2012 年 3 月中，我們推出優化過觀看時間的版本，於背後支援的推薦演算法，致力提高用戶的投入程度和滿意度。我們的新焦點將使 YouTube 成為對用戶更友善的平台，尤其是在音樂、教學影片、娛樂和深夜搞笑節目等方面。

一個大整數

2012 年 11 月，洛杉磯的 YouTube 年度領導峰會期間，什西爾召集了包括我在內的幾個人。他說，他將宣佈一項艱難的大目標，啟動未來一年的工作：用戶每日觀看時間達到 10 億小時。（簡單即有力，而整數正是簡單的。）他問我們：「何時能達成這項目標？大概需要多久？」10 億小時意味著 10 倍的成長。我們都知道，這需要數年而非數個月，但又覺得 2015 年太早，2017 年似乎有點奇怪。（質數一般都予人奇特的感覺。）什西爾上台演講前，我們決定將期限設在 2016 年底，並且為此草擬了為期四年的 OKR，包括一組機動的年度目標，以及遞增的季度關鍵結果。

* 雖然還在實驗階段，YouTube 如今會在影片播放中途插播廣告，以配合新的價值定義。

目標
2016 年底前，用戶每日觀看時間達到 10 億小時，成長標準以下列條件為依據：
關鍵結果 1. 搜尋團隊＋主要 app（＋XX%），客廳觀看(＋XX%)。 2. 提高黏著度和電玩主題的觀看時間（每日觀看時間達 X 小時）。 3. 推出 YouTube 虛擬實境（VR）體驗，並將 VR 相關影片數從 X 支增加至 Y 支。

尋求突破，但要有原則

如果大家都認為目標不可能達成，艱難的目標將會嚴重打擊士氣。這正是設定框架（framing）的藝術派上用場之時。什西爾是聰明的管理者，他以「規模大小」的概念，幫助我們理解這項「無畏艱難的大目標」。雖然每日 10 億小時的觀看時間似乎是天文數字，但它不到全世界電視總觀看時間的 20%。這種脈絡說明很有用，也能消除一些疑慮，至少對我來說是這樣。我們並不是要追求任意設定的大目標。只是，現實中有另一個市場比我們大得多，所以我們試圖縮窄差距。

接下來四年間，我們並沒有不擇手段，一味追求達成

10 倍成長的目標。事實上，為了用戶的利益，我們也做出一些減損觀看時間的決定。例如，我們制定了一項政策，不再推薦那種騙點擊的影片。政策生效三週後，觀看時間因此降低 0.5％。我們堅持這個決定，因為它有助改善觀看體驗、減少騙點擊的影片；這與我們合理成長的原則不謀而合。三個月後，觀看時間已經回升，甚至還增加了。騙點擊的內容變得比較隱蔽之後，用戶會自行尋找更能滿足需求的影片。

不過，設定了 10 億小時這個大膽的目標之後，我們做任何事都會考慮，它對觀看時間造成的影響。如果某項措施可能拖慢進度，我們會審慎評估實際影響。付諸實行之前，亦會先達成內部共識。”

加快速度

“蘇珊表示……

薩拉・卡曼加最享受管理處於早期階段的公司。他喜歡將這種公司帶到新的層次，而且他也真的是箇中高手。到了 2012 年，YouTube 已經發展成大型組織，於是薩拉決定換工作。當時，YouTube 分為業務和技術兩種業務，需要有人做整合。而我領導了 AdWords 十年之後，已經習慣了複雜的生態系統，因此渴望接受 YouTube 的挑戰。

YouTube 領導階層定下每日 10 億小時觀看時間的目標

時，我們多數人覺得那是天方夜譚，甚至認為這種流量將拖垮網際網路！但是，在我看來，如此明確、可衡量的目標可以激勵團隊，因此為它喝彩。

2014 年 2 月我上任時，YouTube 這項為期四年、超級艱難的 OKR，已經走了將近三分之一。雖然目標設定得很好，我們的進度卻不如預期。很顯然，觀看時間的成長情況大幅落後，遠不及為了如期達成目標必須取得的定期進度，所有相關人員都因此感受到壓力。雖然 Google 認為，艱難的目標達成 70％就算達成，而且有時還會完全失敗，但是，沒有任何團隊會在設定 OKR 之後說：「我們以達成 70％為目標，這是我們的成功標準。」所有人都以 100％達成為目標，尤其是目標看來垂手可得的時候。我認為 YouTube 沒有人會滿意，每日觀看時間僅達到七億小時。

不過，老實說，我真的不確定，我們能否如期達到 10 億小時的目標。我覺得，只要大家能保持團結與契合，差一點點也沒問題。我在 Google 也見過未能達成目標的情況，當時我們就重新集中精力，然後設定新的期限。2007 年，我們推出 AdSense，利用網路流量賺錢。這項服務原本是季度 OKR，我們也非常努力力求如期發表產品，結果還是晚了兩天。不過，這真的無傷大雅。

OKR 最好的一點，是它追蹤達成目標的進展，尤其是進度落後的時候。我在季中更新 Google 的 OKR 時，主要是設法解決問題，使工作回歸正軌。我可以藉此召集領導團隊，並且對他們說：「我希望你們每人提出五個項目，是自己可以執行、又能使團隊邁向目標。」我們會擴展 OKR，鼓勵正面行為。因此，我不會非常擔心，到最後關頭無法達成目標。

不過，這項 OKR 的守護者克里斯托斯・古德洛就有不同的看法。10 億小時的目標，已成為他必須捕獲的大白鯨。我加入 YouTube 之後不久，在「加速」會議上，克里斯托斯做了一場簡報，內容足足有 46 頁。到了第五張，他已經清楚表明立場：我們必須急起直追。”

“**克里斯托斯表示……**

我非常擔心。我們每年都會宣佈年度目標和工作重心。從 2013 到 2016 年，10 億小時的 OKR，都是我們工作報告的焦點。我們也設定了明確的階段性里程碑，希望按計畫一步步達成目標。我第一次見到蘇珊時，很感謝她保留追求 10 倍進步的目標。然後我說：「對了，我們的進度嚴重落後。我很怕無法達成目標，希望你至少也有一點害怕。當你下決策，決定工作的輕重緩急時，請務必記住，如果我們不想想辦法，這項以觀看時間為目標的 OKR，必定無法達成。」。”

“**蘇珊表示……**

我面臨一些迫切的問題。其中一項和 Google 硬體部門的人有關，我們必須確保基礎設施可以支撐目標流量。YouTube 影片從我們的資料中心傳給用戶的過程，涉及很大的數據流量，遠多於處理電子郵件或社群媒體資料，這項技術名詞也就是所謂的「出口頻寬」（egress bandwidth）。我們竭盡所能，預先確保 Google 有足夠的伺服器，可以處理那些流量，將你的貓咪影片傳輸到手機或筆電上。

宣佈了 10 億小時的 OKR 之後，YouTube 領導團隊積極利用影響力，預留了到 2016 年底預計需要的頻寬。我接掌 YouTube 後，Google 伺服器部門要求再次協商，想必是覺得我們的要求過於揮霍。我覺得很為難，畢竟我剛上任，而我們的伺服器用量低於預期。但是如果減少機器，我知道將來要增加一定不容易。因此，我決定暫時不去處理，並且對技術部門高層說：「我們暫時維持原定計畫，三個月後再來討論吧。」我希望先留住預訂的頻寬，直到情況比較明確。三個月後，我們的用量成長了，手上有更多資料，也比較容易處理頻寬問題。

每日觀看時間達 10 億小時，是 YouTube 的重要目標，我想支持它。但它太黑白分明了，我擔心如果管理不當，將產生有害的影響。我有責任注意灰色地帶，也就是可能遭到忽略的微妙之處。每日觀看時間受兩項因素影響：每日平均活躍用戶數，以及這些用戶的平均觀看時間。針對後者時，YouTube 做得很好，不過那本來就易如反掌。發展既有關係，比建立新關係來得容易。我們的研究顯示，擴大用戶群的潛力，遠大於設法使既有用戶多看一倍的影片。我們需要新用戶，我們的廣告主也是。”

互相支持

“**克里斯托斯表示……**

公司一旦換了領導團隊，所有計畫都可能被檢討。蘇珊接掌 YouTube 後，沒有義務要支持 10 億小時的目標。那是前任領導人設定的目標，她大可改回以觀看次數為目標，或是設定比較營收導向的目標。又或者她可以保留觀看時間目標，但同時設定另外三項同樣重要、甚至更重要的目標。要是她做了上述任何一件事，我們絕不可能按時達成 10 億小時的目標。我們的注意力會分散，然後永遠無法追上進度。

蘇珊上任後，我們開始在 YouTube 每項公司目標旁，寫上負責人的名字，然後以綠色、黃色或紅色記號標明進展。每週員工會議上，「10 億小時」這項目標旁，都寫上了「克里斯托斯」，而且是一季又一季，一年又一年不間斷。因此，我覺得自己對這項 OKR 負有個人責任。

我很欣賞 Google 的理念，它鼓勵員工設定冒險又進取的目標，但也容許員工未能達成目標。我知道，自從宣佈了那項無畏艱難的大目標後，有一些好事發生了。例如，我的團隊大幅改善了影片搜尋和建議功能。我們站在 OKR 的浪頭，在 Google 集團中提升了 YouTube 的形象和地位。

YouTube 的士氣不曾如此高漲。我看到行銷部同事熱烈討論觀看時間，這是我完全預料不到的。

即使如此，這組 OKR 對 YouTube 和我，都有特別意義。我很早就跟什西爾說，如果我們無法在四年內達成目標，我將辭職離開 Google。我知道這似乎有點煽情，但我再認真不過，因為我真的覺得非這麼做不可。或許正是因為決心這麼強，我才可以堅持到底。

到了 2016 年開春，為期四年的目標進入終章，此時我們的進度僅僅符合預期。然後我們遇到特別溫暖的天氣，許多人因此往戶外跑，觀看影片的時間隨之減少。這些人會回來嗎？到了 7 月，我們的進度落後。我緊張到要求團隊考慮調整工作安排，希望藉此重新促進觀看時間增長。

到了 9 月，許多人結束暑期旅行，生活回歸常態。隨著原有用戶重拾習慣，同時有新用戶加入，改良後的影片搜尋和建議功能，發揮了更大的作用。達到 10 億小時的目標只差一點點，我們的工程師甚至在追求微乎其微的改變，可以讓觀看時間增加不過 0.2%。光是在 2016 年，他們就找到大約 150 項小進步。為了達成年底的目標，我們幾乎是少一項都不行。

到了 10 月初，每日觀看時間的成長率，大幅超過我們的預期。這時候我知道，我們將能達成目標。但是，我還是每天查看報表，一週七天每天都查，休假時也查，生病時也查。然後，當年秋天某個輝煌的週一，我再次查看報表，發現每日觀看時間在週末，已經達到 10 億小時。我們完成了這組許多人認為不可能做到的艱難 OKR，而且還是提早完成。

第二天，這是超過三年來，我第一次沒查看報表。

這項極具里程碑意義的 OKR，產生了一些意料之外的結果。四年來，我們致力追求每日觀看時間達到 10 億小時，結果每日影片觀看次數隨之大增。艱難的 OKR 通常會釋放巨大的力量，而你總是無法確定，這些力量將產生怎樣的作用。對我來說，另一個重要教訓是，最高管理階層的支持非常重要。

蘇珊和 YouTube 其他領導人都相信這項目標，也相信我們選擇了最好的路線，同時很滿意它不僅雄心勃勃，還非常清楚。當 Google 搜尋部門許多同事公開質疑我們的 OKR 時，Google 領導階層站出來給予支持，並且賦予我們必要的自主權。”

更大的格局

蘇珊表示……

理想遠大的目標可以敦促整個組織動起來，重新自我調整。根據我們的經驗，它推動了 YouTube 的基礎建設。同事開始思考：「如果要擴展到這麼大，我們或許應該重新設計架構，可能也要重新設計資料儲存方式。」這項目標激勵整家公司著眼未來，並且做好準備。所有人都開始為更大的格局設想。

回顧這一切，我想如果沒有艱難的 OKR 造就的流程、結構和明確性，我們很可能無法在四年內達成目標。在一家

蘇珊・沃西基慶祝 YouTube 創立十週年，攝於 2015 年。

快速成長的公司，讓所有人契合、專注於同一項目標是很困難的。員工需要一套基準衡量自己的表現，而且關鍵是要找對基準。每日 10 億小時的觀看時間，賦予我們的技術人員宛如北極星的指標。

但是，沒有什麼東西可以一直不變。2013 年時，觀看時間是評估 YouTube 用戶體驗的最佳指標。現在，我們也會注意其他指標，包括網路新增的影片和照片、觀看用戶的滿意度，以及社會責任相關指標。畢竟，如果你看了兩段影片各 10 分鐘，觀看時間是一樣的，但哪一段影片能使你比較開心？

因此，本書出版時，我們或許已經找到一項全新的成長指標。早在 2015 年，我們就在推薦影片時，將用戶滿意度納入考量，不再僅著眼於觀看時間。藉由詢問用戶最滿意什麼內容，並且監測「喜歡」與「不喜歡」的數量，我們比較能夠確保，用戶覺得花在 YouTube 的時間是值得的。2017 年，我們在首頁推出「頭條新聞」的欄位，重點展示權威新聞來源所提供，最有意義的內容。至今，我們仍致力將更多有意義的新要素，納入我們的影片推薦考量中。隨著我們的業務成長，以及 YouTube 的社會功能逐漸改變，我們將繼續為服務尋找合適的指標，設定相應的 OKR。”

第 2 部

工作的新世界

第 15 章
持續性績效管理：OKR 與 CFR

談話可以改變思想，進而改變行為，進而改變制度。
——雪柔・桑德伯格（Sheryl Sandberg）

年度績效考核成本高昂、令人疲憊，而且多數徒勞無功。每一名直屬部屬的年度績效考核，平均占用主管 7.5 小時。但是，只有 12%的人資主管，認為這種流程對提升企業價值「非常有效」，[1] 只有 6%認為它占用的時間是值得的。[2] 這種年底的績效評估，容易受到認知偏差（recency bias）扭曲，也受限於分級評等和鐘形曲線，不可能會公平，或是衡量準確的。

企業領導人已經認識到非常惱人的教訓：人無法簡化為一堆數字。即使是倡導可衡量目標的杜拉克，也明白分級評等的局限。他曾表示，管理者的「首要角色是人際上的，是與人的關係，是建立互信……建立一個社群。」[3] 愛因斯坦也觀察到：「可以量化的東西不一定重要，重要的東西不一定可以量化。」

為了達成幾乎無法想像的目標，企業必須提升人事管理的層級。我們的職場溝通系統迫切需要升級。一如季度 OKR 已經使形式上的年度目標變得毫無必要，我們需要一種工具，可以徹底革新過時的績效管理系統。簡而言之，工作的新世界需要一種新的人力資源模式。這種取代年度績效考核的系統，就是持續性績效管理，執行工具是 CFR，如下所列：

- **對話（Conversations）：**管理者與員工之間真實、有組織的交流，以提升績效為目的。
- **回饋（Feedback）：**同儕之間雙向或網絡化的溝通，以評估進度和促進進步為目的。
- **讚揚（Recognition）：**對值得表揚的同事，所提供大大小小的貢獻表達謝意。

一如 OKR，CFR 在組織的所有層級都倡導透明、當責、賦權和團隊合作。CFR 刺激溝通，點燃 OKR 並將它送進運作軌道。CFR 是衡量重要事物的完整執行系統，充分捕捉到安迪．葛洛夫這套創新方法的豐富性和力量，使 OKR 得以發聲。

最重要的是，OKR 與 CFR 相輔相成。道格．丹納利（Doug Dennerline）是 BetterWorks 的執行長，這間公司是將 OKR 和 CFR 兩項工具，帶到雲端和智慧型手機上的先驅，曾協助數以百計的組織，將這些流程變成自己的制度。道格表示：「真正厲害的是兩者結合。如果對話僅限於你是否達成目標，那就忽略了脈絡。你需要持續性績效管理，引出一些關鍵問題，例如：達成這項目標的難度，是否超出你設定時的預估？這是正確的目標嗎？它能激勵人嗎？我們是否應該加倍投入過去一季，真正有用的兩、三件事，還是應該考慮轉做其他事？你必須從整個組織中引出這些見解。

「另一方面，如果你沒有目標，那是要談什麼呢？你取得什麼成就？是怎麼做到的？根據我的經驗，人如果有清楚和契合的目標，比較可能感到滿足。他們不會對自己的工作感到茫然和迷惘，因為他們知道，自己的工作與其他人有什麼關係，對組織有哪些幫助。」

再以美式足球為例：假設目標是兩根球門柱所在之處，是你的目的地，而關鍵結果是標示與球門柱距離的分碼線。球隊要成功，球員和教練需要目標與關鍵結果以外的東西，也就是那些對所有集體努力至關緊要的事物。CFR 包含凝聚球隊、幫助球隊完成一場又一場比賽的所有互動，包括週一根據比賽影片進行的賽後分析檢討、週間的球隊內部會議、賽前場上球員的簡短會議，以及達陣後的慶祝。

人資管理再造

好消息是：改變已經展開。目前有 10％的財星 500 大公司，拋棄了一年一度的績效考核舊制度，而且愈來愈多公司加入他們的腳步。無數家新創企業也是這樣，這些規模較小的公司，比較不受傳統束縛。我們正處於人資管理的交叉口，幾乎所有慣例都需要認真檢討。這正是機動靈敏的工作團隊，以及無階層職場所需要的。

企業以持續的對話和即時回饋，取代（或至少是輔助）年度績效考核，就更有能力在一年當中持續進步。協調工作和公開透明，成為日常運作的必須要求。員工遇到困難時，主管不會遵照既定時間表，坐待某個「算帳日」才找上對方。而是會像消防員救火那樣，毫不猶豫與員工展開討論，直接面對困難。

雖然說起來似乎太過輕易，但持續性績效管理，確實可以提升每一個人的成就。它從下到上提升績效，對團隊士氣和個人發展都有奇效，而且對領導者和員工都有用。持續性績效管理如果配合季度目標，和 OKR 內置的追蹤功能，還可以發揮更大的作用。

在眼下這個轉變期，愈來愈多組織正擴大自己的績效評估範圍，加入一些另類標準，例如能力和團隊合作。許多組織目前是雙軌制度並行，除了年度績效考核，還採用持續性績效管理，保持必要的對話。這種新舊結合的做法，特別適合規模較大的公司，當中有些公司可能樂於維持這套做法。其他公司可能果斷拋棄分級評等制度，採用比較透明、以合作為宗旨的多面向評估標準。

圖表 15-1：年度績效管理 vs. 持續性績效管理 [4]

年度績效管理	持續性績效管理
回饋是一年一度的	回饋是持續的
與薪酬掛鉤	與薪酬脫鉤
指揮式／專制	輔導式／民主
聚焦於結果	聚焦於過程
以弱點為基礎	以強項為基礎
易受偏見影響	基於事實

Pact 的持續性績效管理

Pact 是華府一家非營利組織，從事國際貿易與發展工作。他們奉行 OKR 和持續性績效管理，因而直接見識到兩者產生的共力作用。Pact 公司一名主任蒂姆・斯塔法（Tim Staffa）表示：

「我們採用 OKR 是因為，我們開始頻繁改變績效管理的節奏。Pact 採用 OKR 同時，正式取消了年度績效考核。我們以主管與員工更加頻繁的接觸，取代舊制度。在內部，我們稱之為『推動』（Propel）。它包括四部分：

第一部分是員工與主管每個月一次的一對一對話，討論工作進展。

第二部分是 OKR 進度的季度檢討。我們坐下來討論這些問題：『本季你原本打算達成什麼目標？你做到了什麼？有什麼無法做到？原因何在？我們可以改變什麼？』

第三部分是半年一次的事業發展討論。員工談自己的事業軌跡，他們走過什麼路、現在處於什麼位置、想往何處去。此外也討論他們的主管，和整個組織如何支持他們的新方向。

第四部分是持續、自己積極追求的交流互動。我們不時遇到正向的支持和回饋，但多數人不懂得找出它們。例如你向團隊做了一次簡報，事後有人跟你說：『喂，做得真不錯。』我們多數會說：『啊，謝謝』，然後就走掉了。但我們應該更進一步，例如說：『謝謝。你覺得哪裡做得好？』這是為了即時得到比較具體的意見回饋。」

友好的分手

企業奉行持續性績效管理的第一步，必須直截了當：薪酬（包括加薪幅度和獎金）應該與 OKR 脫鉤。薪酬問題與 OKR 應該分開討論，各有不同的節奏和日程。前者是回顧式的評估，通常在年底進行。後者是領導人與員工持續進行的前瞻式對話，以五個問題為重心：

- 你目前在做什麼？
- 情況如何？ OKR 進度如何？
- 是否有什麼東西阻礙你的工作？
- 你需要我提供什麼協助才能（更）成功？
- 你需要怎樣的成長，才能實現你的事業目標？

我並不是認為，績效考核與目標可以（或應該）完全分開。根據具體資料，整理出員工過去一段時間的工作成就，確實有助避免績效評等偏離事實。此外，因為 OKR 反映員工最重要的工作，相關資料是未來一段時間內，可靠的回饋來源。但是，如果目標被用來設定薪酬，而且出現不當使用的情況，員工必定將變得退縮保守。他們不再願意自我考驗，追求完成不可能的任務；或是因為工作沒有挑戰而感到厭煩，然而受到最大損害的是整個組織。

假設員工 A 設定了極有挑戰性的目標，然後達成了 75％。他出色的表現是否值得獲發 100％的獎金，甚至 120％？相較之下，員工 B 只達成了 90％的關鍵結果，而且主管知道，他沒有設定考驗自身能力的目標，還缺席了幾個重要的團隊會議。他是否應該比員工 A 獲發更多獎金？

簡而言之，如果你想維持員工的積極性和士氣，答案是否定的。

Google 前人事主管拉茲洛・伯克表示，OKR 最多占 Google 員工的績效評等三分之一。更重要的是，跨職能團隊的意見回饋，而最重要的是考慮脈絡。拉茲洛說：「即使有目標設定的制度，還是有可能出錯。可能是市場發生了一些瘋狂的事，又或者某位客戶離職了，以致於你必須從頭開始重建關係。你必須盡可能考慮所有相關因素。」Google 審慎將原始目標分數與薪酬決定分開。每個週期結束後，他們真的會從系統中清除 OKR 數字！

目前，我們仍然沒有公式，可以衡量複雜的人類行為。因此，這正是我們需要發揮判斷力的地方。現今職場中，OKR 與薪酬仍然可以是朋友。它們永遠不會完全失去聯繫，但已不再「同居」，這種狀態其實比較健康。

對話

杜拉克是最早強調，主管與直屬部屬一對一會面極有價值的先知之一。安迪・葛洛夫曾估算過，主管花 90 分鐘與

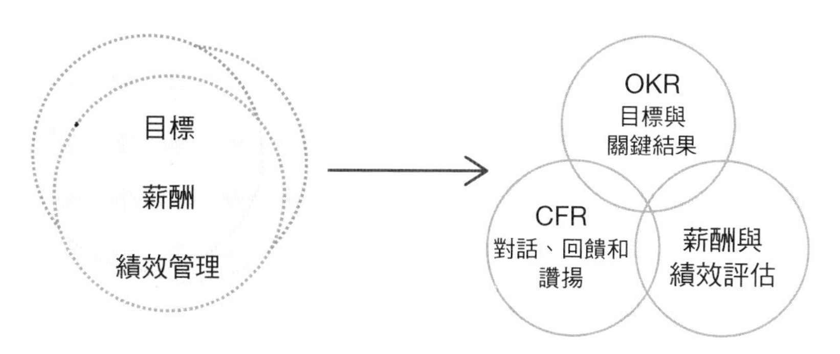

隨著企業改為採用持續性績效管理，基本上，OKR 和 CFR 變得獨立，與薪酬決定和正式的績效評估分道揚鑣。

直屬部屬會面，「可以提升部屬接下來兩個星期的工作品質。」[5]安迪一如往常扮演了先驅的角色，強制要求英特爾的主管與部屬一對一會面。他寫道：

> 會面的目的在於教學相長和交換資訊。主管可藉由討論具體的問題和情況，將自己的技術和知識傳授給部屬，並建議一些處理事情的方法。同時，部屬將具體告訴主管自己在做什麼，以及擔心些什麼……一對一的會面有一點很重要：主角應該是部屬，議程和氣氛應該由他決定……上司是來了解情況和提供意見的。*
>
> 在這種一對一的會面中，上司應該鼓勵部屬，真誠談論與工作有關、影響部屬微妙和深刻的問題，因爲這是談論這類問題的絕佳場合。部屬是否滿意自身的表現？他是否受某些挫折或障礙困擾？他是否對自己的發展方向有疑慮？[6]

因為現在有很好的工具，得以追蹤和協調頻繁的對話，葛洛夫的理念非常合時。† 有效的一對一會面，可以深入探討日常工作。這種會面有固定的頻率，可以是每週一次，也可以是每季一次，視實際需要而定。根據 BetterWorks 協助數百家企業的經驗，主管與部屬的對話涉及五個關鍵方面：[7]

- **設定目標和反省：**員工設定下一個週期的 OKR 計畫。討論的焦點在於，如何契合個人的目標和關鍵結果，與組織的優先要務，達致最佳的效果。
- **了解最新進度：**快速根據具體資料，檢視員工眼下的工作進度，必要時協助員工解決問題。‡
- **互相指導：**主管幫助部屬發揮潛力，部屬幫助主管做好工作。
- **事業發展：**幫助員工發展技能、辨明成長機會，以及使他們更了解自己在公司的前途。
- **輕量的績效考核：**作為一種回饋機制，根據組織的需求，蒐集資料並概括員工自上次會面以來的工作成就。（如前文指出，這種對話與員工的年度薪酬／獎金考核是分開的。）

隨著職場對話成為管理工作不可或缺的一部分，管理者的角色正從工頭，演變為教練和導師。假設有位產品經理，因為遲遲未能定下設計決策，導致產品可能無法如期推出。下一次執行團隊會議前，高績效的執行長／教練可能會說：「你是否可以想想，在這種情況下，該如何更果斷一些？如

* 安迪認為，部屬講話的時間應該占90%。我在英特爾與主管見面時，對方的關注焦點是，該如何幫助我達成關鍵結果。

† 蓋洛普的調查顯示，比較頻密的一對一會面，可以提高員工的投入程度三倍。

‡ 檢視進度涉及兩個基本問題：工作上哪些方面順利？哪些不順利？

果你列出兩個最好的選擇，然後清楚表明自己的偏好，那將如何？你覺得自己能做到這件事嗎？」如果產品經理同意這麼做，具體的解決方案就產生了。與負面的批評不同的是，教練的指導著眼於助人改善未來的表現。

回饋

雪莉・桑德伯格（Sheryl Sandberg）在一出版即成為經典的著作《挺身而進》（*Lean In*）中寫道：「回饋是以觀察和經歷為基礎的意見，使我們得以了解自己給別人留下了什麼印象。」[8] 為了充分獲得 OKR 的好處，回饋必須是過程中不可或缺的一部分。如果你不知道自己的表現有多好或多壞，怎麼可能進步？

現在的員工「希望得到『賦權』和『啟發』，而不是被告知該做什麼。他們希望提供回饋給主管，而不是等一年後，才從主管那裡得到回饋。他們希望定期討論目標，讓其他人知道自己的目標，以及讓同儕追蹤進度。」[9] 公開透明的 OKR，將引出來自四方八面的問題：你／我／我們以這些事為焦點是正確的嗎？如果我／你／我們完成這些任務，是否會被視為巨大的成就？是否有人提供意見，告訴我／我們可以如何更進一步？

回饋通常非常有益，但是只限具體的回饋。

負面回饋：「你上週稍晚召開的會議，整個過程顯得很混亂。」

正面回饋：「你的簡報做得非常好，一開始的小故事完全吸引了大家的注意，而且我覺得，以接下來的行動步驟作為最後一部分，是很好的安排。」

在發展中的組織，回饋通常由人資部門領導，而且往往是有事先計劃的。在比較成熟的組織，回饋是即興、即時和多元的，是組織中隨時隨地發生的開放對話。如果我們可以評價 Uber 司機（而且司機也可以評價我們），甚至在 Yelp 上，評價寫下評價的人，為什麼職場不能支援管理者與員工之間的雙向回饋？員工可以把握這個寶貴的機會，向他們的主管說：你需要我如何配合你的工作？現在讓我來告訴你，我需要你如何幫助我。

僅僅數年前，員工想反映意見時，可以將不具名的便條，丟進辦公室的意見箱裡。如今，進步的公司捨棄了這種意見箱，代之以隨時可用、匿名的回饋工具，例如快速的員工調查、匿名的社群網絡，甚至是評價會議和會議組織者的應用程式。[10]

同儕之間（或跨階層、部門）的回饋，是持續性績效管理的額外濾鏡。這種回饋可以是匿名或公開的，也可以介於兩者之間。回饋是為了幫助員工的事業發展嗎？（如果是，應該私下傳達給當事人。）回饋是為了揭露組織的某些問題嗎？（如果是，應該直接交給人資部。）具體做法完全取決於脈絡和目的。

同儕之間的回饋在跨職能專案中特別寶貴，因為這可以促進團隊之間的聯繫。橫向溝通的大門打開之後，跨部門合作將成為全新的常態狀況。隨著 OKR 結合 360 度回饋，各部門畫地自限、各自為政的情況，亦將走入歷史。

讚揚

這是 CFR 當中最受到低估、最少人理解的一部分。過往那種只要年資夠長，就能獲贈金錶的日子已成過去。現在，讚揚是以績效表現為根基、水平發展的。它以群眾外包的方式，實行功績制度。當捷藍航空（JetBlue）設置了一套以價值為導向、同儕之間的讚揚系統之後，領導階層開始注意到表現傑出的員工，員工滿意度也因此接近倍增。

持續的讚揚是促進員工投入工作的有力手段：「雖然表面看來作用不大，但說『謝謝』其實是一項有力的手段，能建立投入工作的團隊⋯⋯相對於欠缺讚揚文化的公司，在懂得讚揚的公司，員工自願流動率低了 31%。」[11] 下列是一些執行方法：

- **以某種方式鼓勵同儕之間的讚揚：**員工的成就若能持續得到同儕的讚揚，懂得感恩的文化就產生了。在 Zume Pizza，週五全體會議最後一個環節，就是員工自發稱讚表現傑出的同事。
- **確立明確的標準：**表揚員工的行動和工作結果，例如完成特別專案、達成公司的目標，彰顯公司的價值觀。以「本月工作成就」取代「本月最佳員工」。

- **分享傑出表現的故事：**公司的電子報或部落格，可以提供工作成就背後的故事，藉此賦予讚揚更多意義。
- **使員工可以經常得到讚揚：**工作上的小成就也應該讚揚，例如為了在期限前完成工作額外努力、為某份計畫書貢獻了特別精彩的一部分，以及主管可能視為理所當然的某些努力。
- **將讚揚與公司的目標和策略掛鉤：**及時的表揚可以支持組織重視的任何優先要務，例如客戶服務、創新、團隊合作或削減成本。

OKR 平台的設計，特別考慮到同儕之間的讚揚。季度目標一再確立回饋和讚揚最受重視的領域。透明的 OKR 可以讓同事之間，自然慶祝工作上的大小勝利。所有成就都值得應有的注意。

團隊和部門一旦開始以這種方式形成連結，愈來愈多人會更積極投入工作，讚揚文化將成為引擎，使整家公司加速運轉。無論頭銜如何、隸屬於哪個部門，所有員工都可以為任何一名同事的目標歡呼喝采。請注意，每一聲喝采都是邁向卓越運作表現的一步，這正是 OKR 和 CFR 的最高目標。

第 16 章
捨棄年度績效考核：Adobe 的故事

唐娜·莫里斯（Donna Morris）
顧客與員工體驗執行副總裁

六年前，一如多數企業，軟體公司 Adobe 因為年度績效考核，而承受相當大的代價。因為這道流程，主管必須為每一名部屬耗費八個小時，然後所有人為此士氣低落。每年二月，自願離職的員工大增，因為許多人不滿年度績效考核的結果，決定換個地方發揮自身才能。公司管理階層每年，總共為此耗費八萬個小時，幾乎相當於接近 40 名全職員工一年的勞動力，只是為了一個未能產生明顯價值的機械化流程。當時，Adobe 正全速轉移至以雲端訂閱為基礎的商業模式，這家公司如果想持續成功，就必須這麼做。不過，就算公司已經改用現代、即時的營運方式，管理產品和客戶關係，人資仍受制於落伍的管理方式。

Adobe 將取消年度績效考核

改為仰賴持續的回饋評價和獎勵員工

戴維娜・森古普塔（Devina Sengupta）
邦加羅爾報導

Adobe Systems 約萬名員工，包括 2,000 名印度員工，剛完成績效考核，這很可能將是該公司最後一次年度考核。這家全球軟體公司，打算捨棄多年來使員工被迫互相對立、僅由主管一年一度決定員工績效評等的做法。

「我們打算廢除績效考核的形式，」Adobe 人資資深副總裁唐娜・莫里斯表示。該公司仍處於研擬階段，他們計畫讓主管定期向負責的團隊提供回饋，確保加速、延續員工的自我實現，不必等待年底的考核。

Adobe 的決定，發生在公司進入數位行銷領域之後。該領域對公司的客戶群和行銷策略，有完全不同的要求，因此 Adobe 必須大幅改革人資管理流程。

為什麼企業應該取消年度績效考核？

支持的理由

一年一度的績效評估，結果可能取決於主管記得什麼。定期的回饋有助持續改善員工的表現。迫使員工在年度考核時互相對立是不公平的。

反對的理由

主管很難持續掌握員工的表現，尤其是在虛擬團隊中。升遷和薪資調整決定可能變得複雜。如果沒有年度目標和考核，不容易激發員工的最佳表現。

持續提供回饋並不是借鑑其他領域，這項做法的根源，可追溯至管理大師馬歇爾・葛史密斯（Marshall Goldsmith），他的理論證實，即時回饋可以提升績效。「如此一來，我們也可以更及時、精準糾正錯誤，」Adobe 印度分部人資總監賈萊爾・阿卜杜勒（Jaleel Abdul）表示。

如今，許多企業在績效評估制度方面，不斷有創新和調整。

《印度時報》（*India Times*）2012 年有關 Adobe 銳意改革的報導。

2012 年，Adobe 高層唐娜・莫里斯於印度出差期間，表達了對傳統績效管理方式的不滿。由於她的警戒心因時差而降低，便對一名記者表示，Adobe 打算取消年度考核和分級評等制度，改為仰賴相較頻繁、面對未來的回饋模式。這個主意很好，問題是她尚未與公司人資部同事，或 Adobe 執行長討論過。

唐娜發揮她特有的活力和說服力，積極遊說公司改變做法。她在 Adobe 內部網路上寫道，眼前的挑戰是「審視貢獻、獎勵成就，以及提供和接收回饋。這些工作一定要合併成一套繁瑣的流程嗎？我認為不是。是時候根本改變想法了。如果我們取消『年度考核』，你希望看到怎樣的替代方案？我們該如何更有效啟發、鼓勵員工，以及讚賞他們的貢獻？」唐娜的文章引發 Adobe 歷史上，員工參與最廣泛熱烈的一場討論。

唐娜的坦率催生了「報到」（Check-in），也就是 Adobe 的持續性績效管理新制度。為了共同推動公司前進，Adobe 的管理階層、員工和同儕，每年進行多次「報到」對話。組織內各階層的領導人為這套流程負起責任，不再像以往那樣，仰賴人資團隊大力協助。

「報到」制度精簡、靈活、透明，沒什麼強制規定，也不要求書面作業。它主要關注三方面：每季的「目標與期望」（也就是 Adobe 的 OKR）、定期回饋，以及事業發展與成長。員工與主管的會面，由員工主導進行，與員工的薪酬無關。強制性分級評等取消了，取而代之的是年度獎勵。公司教導主管根據員工的表現、員工對業務的重要性、員工技能的相對稀缺程度，以及市場狀況，設定員工的薪酬。公司對此沒有固定的指引。

「報到」制度於 2012 年秋季開始實行，自此之後，Adobe 員工自願離職的人數大減。Adobe 藉由實施持續性績效管理，強調對話、回饋和讚揚，順利振奮了整家公司的營運。*

唐唐娜・莫里斯表示……

Adobe 有四項核心價值：真誠（genuine）、卓越（exceptional）、創新（innovative）和投入（involved）。我們以前的年度考核流程，違背了每一項核心價值。因此，我對同事表示，如果沒有評等、排名或表格，你覺得如何？如果你們全都知道，主管對自己有何期望，每一個人都受到重視，而且有機會在 Adobe 發展自己的事業，那將如何？

「報到」制度幫助我們，每天實踐 Adobe 的價值觀。為了解釋新制度如何運作，我們召開了一系列的網路培訓會

---

* 關於 Adobe 的新做法，可瀏覽他們公開分享的資料 www.whatmatters.com/adobe。

議，每次 30 ～ 60 分鐘。啟動新制度時，召開的第一次會議中，我們先向高層說明新制度，然後是各階層主管，最後是一般員工。（員工參與率達到 90%。）每一季，我們則解釋「報到」制度的不同階段，從設定期望講到提供和接收回饋。

我們也投資設立員工資源中心，提供範本和影片，協助員工建立有效的回饋技能。Adobe 有許多工程師，他們未必具備開放式對話的經驗，而這個資源中心，能幫助他們輕鬆適應新制度。

公司領導階層必須以身作則，展現出歡迎別人提供回饋、不怕有人質疑他的願景的態度。

現在，我們視每一名主管為業務領導人。公司會給一筆

唐娜・莫里斯在 2017 年「目標高峰會」（Goal Summit）上談話。

激勵員工的預算，他們可以視情況決定如何分配這筆錢。主管知道自己真正肩負管理部屬的責任，因此覺得充滿力量。員工也因為投入這個過程，而同樣充滿力量。員工安排自己與主管的定期「報到」會面，使主管了解上次會面以來，自己在行動項目和目標上的進展，以及事業發展需求和成長構想。此外，因為我們的薪酬制度改變了，團隊裡同事之間不再是競爭對手。

員工希望駕馭自己的表現，不想等到年底才得到主管的評價。他們在工作過程中，就想了解自己表現如何，也想知道自己有哪裡必須改善。在我們的新制度下，員工至少每六個星期，就能得到非常具體的工作表現回饋。實際上，回饋是每週都有。每一個人都知道自己的位置，以及自己正如何為公司貢獻價值。我們的績效管理流程不但不落後，甚至還是領先的。

「報到」制度下的回饋，往往是主管提供給員工，但也可以反過來由員工提供給主管，例如：「我在這項專案中遇到頗大的困難，需要更多支援。」此外，Adobe 有很多跨部門合作，回饋也可以是同儕之間的。例如，我在部門裡，必須與傳播、財務和法務部門各一名工作夥伴合作。雖然我們各自有直屬主管，但我們四人之間，同樣保有重要的工作關係。因此，我們會互相評論彼此工作上的期望和表現。

根據 Adobe 的經驗，我認為持續性績效管理，有三方面的要求。首先是高層的支持。第二，公司必須有明確的目標，而且大家必須清楚知道，公司的目標將如何契合個別員工的優先要務。因此，我們設定「目標與期望」，那就是我們的 OKR。第三，公司必須投資進行培訓，使主管和領導人能更有效執行新制度。我們並不是送員工出去上課，而是引導他們進行數堂一小時的線上課程，當中有一些角色扮演片段，例如：「你是否必須提供難以啟齒的回饋？以下是你可以遵循的步驟。」

提供回饋、糾正別人的行為自然不容易。但是，如果做得好，這是你可以送給別人的最大禮物。因為你是以最積極、有價值的方式，改變了對方的心態和行為。我們正在打造一種有益的環境，員工身處其中會說：「你知道嗎，犯錯也沒問題，因為這能讓我獲得最大的成長。」這是我們的文化轉變中，很重要的一部分。

我們的新制度清楚顯示，人資領導人是為了企業成功而存在。我們的角色是與其他領導人商討，設法使全體員工成功實踐公司的使命。成功不是靠表格、排名和評等，也不是靠那些妨礙員工工作、使他們進退兩難的政策和方案。真的能使企業成功的機制，是培養員工的能力、方便他們為公司做事的機制。

對一家提供服務的公司來說，最寶貴的是員工投入工作，覺得自己可以有所貢獻，希望留在組織裡。流失員工的代價高昂。最好的員工流動是內部流動，讓員工在公司裡發展事業，而不是跳槽到其他公司。人並非天生喜歡流浪。他

圖表 16-1：Adobe 績效管理新舊制度比較

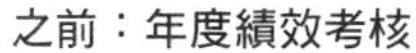

	之前：年度績效考核	之後：「報到」
設定優先要務	年初設定員工的優先要務，之後通常不會檢討。	員工與主管設定優先要務，定期檢討，視需要調整。
回饋過程	過程漫長，包括提交成就陳述、請求別人提供回饋，以及撰寫評價。	持續的回饋和對話過程，沒有正式的書面評論。
薪酬決定	利用繁瑣的績效評估過程，決定員工的加薪幅度和獎金。	沒有正式的績效評等或排名。主管根據員工的表現，每年決定薪資和獎金。
會面節奏	回饋會面節奏不一致，也缺乏監督。員工生產力往往在年底時急升，以配合績效考核討論。	預計每季一次回饋對話，持續提供回饋是常態。因為討論和回饋在一年當中持續不斷，員工的生產力保持穩定。
人資的角色	人資團隊管理相關文件和流程，確保完成所有步驟。	人資團隊支援員工和主管，使他們能夠進行有益的對話。
培訓與資源	人資團隊未必能接觸所有人，因此選擇性提供指導和資源。	設立統一的員工資源中心，必要時提供協助。

們只是需要找一個，覺得自己可以真正有所作為的地方。在 Adobe，「報到」制度在在實現了前述要點。”

第 17 章
每天烤得更好：Zume Pizza 的故事

茱莉亞・柯林斯（Julia Collins）與
亞歷克斯・加登（Alex Garden）
共同創辦人暨共同執行長

如我們所見，OKR 和 CFR 是創造出色績效和高速成長的有效手段。它們也有一些比較微妙、內部和日常的作用，例如培養稱職的管理人員，以及賦予較低調的員工，受人注意的機會。邁向卓越營運表現的漫長和艱辛旅程中，OKR 和 CFR 幫助組織每天都有所進步。領導人更懂得溝通和激勵部屬，員工也更有紀律且思考嚴謹。結構化的目標設定，加上大量有意義的對話和回饋，能教導員工尋求突破，同時在規範下努力工作。這對相對小型、正致力擴大規模的公司特別重要。

Zume Pizza 的故事生動說明了這些內部動態。他們的故事有關一家新創企業，如何利用 OKR 和 CFR，再加上幾具機器人，挑戰業界巨人。

頗長一段時間以來，每年市場規模達 100 億美元的美國披薩外送產業，都掌控在達美樂（Domino's）、必勝客（Pizza Hut）和約翰老爸（Papa John's）這三家全國連鎖集團手上。他們的披薩並不令人驚艷，但品牌基礎穩固，而且享有規模經濟的巨大優勢。2016 年春季，Zume Pizza 在矽谷地處偏僻的混凝土倉庫開業，許多人都不看好他們。還有一些人嘲笑「機械化的匠人披薩」是左岸（指選民政治立場偏左派的美國西岸）的噱頭。Zume 看來很難成功。

兩年後，Zume 的發展出人意表，以具競爭力的價格，為消費者提供世界級的披薩。Zume 將刻板的工作交給機器，藉此釋放出人力資源，從事需要創造力、價值較高的工作。機器省下了低階勞力工作的成本，於是這筆錢便用在優質原料上，例如非基因改造麵粉製作的麵糰、有機種植的蕃茄、本地出產的蔬菜，以及以健康的方式加工處理的肉類。結果，Zume 不只做出健康美味的披薩，送到消費者家裡時還是熱的，而且速度極快，有時下訂單後五分鐘內就能收到披薩。

線上或行動應用程式訂單，與 Zume 的輸送帶相連，機器人因應訂單揉好麵糰、塗上調味醬，然後安全將披薩送進華氏 800 度高溫的烤箱裡。Zume 希望隨著機器人技術不斷成熟，有天可以將整個披薩製作過程自動化。從添加起司和顧客自選配料，一直到將烤了一半的披薩送到 Zume 特製的卡車上。這些卡車可以利用演算法調度，且送貨途中便能將披薩烤熟。(而且未來很有可能是無人駕駛的。)

Zume 問世三個月後，已取得公司所在地區 10%的市占率。2018 年，它開始衝擊灣區寡頭壟斷的披薩市場，也迅速將業務擴展至整個西岸，然後是全美。他們的公司創辦人希望，2019 年開始拓展海外市場。共同創辦人亞歷克斯・加登表示:「我們將成為餐飲業的亞馬遜。」他是在擔任 Zynga Studios 總裁時，首次接觸到 OKR。

如果你是挑戰巨人哥利亞的大衛，不可或缺的便是把握時間和機會。你沒有餘裕包容失焦的行動，或是無法與組織契合的員工。Zume 的領導人將告訴各位，OKR 以他們預料

Zume 共同創辦人茱莉亞・柯林斯和亞歷克斯・加登，他們身後的卡車，可以在送貨途中烤披薩。

不到的方式，幫助他們壯大了這家新創企業。

“茱莉亞・柯林斯表示⋯⋯

起初，Zuma 只存在我們兩人的頭腦裡。如果當時你問亞歷克斯或我任何問題，我們會給你相同的答案；因為共處的時間很久，我們對所有問題都有默契。公司只有兩個人時，這沒什麼問題。技術長加入之後，我們變成「三種起司」，也沒什麼問題。但是，如果你將帕馬森起司加進莫扎瑞拉、羅馬諾和波羅伏洛這三種起司裡，情況就改變了。擴大到七人公司時，如果你問我們：「今天必須完成、最重要

運轉中的 Zume Pizza 機器人。

的事是什麼？」你會得到八個不同的答案。

起初我們使用專案管理軟體 LiquidPlanner，它採用「瀑布式」的方法，對我們建設廚房很有幫助。好比先灌進一些混凝土，讓它們乾透，然後塗上環氧樹脂，再讓它們乾透，最後覆蓋表層，裝上可讓人進出的冷藏庫。這種軟體用來管理線性的過程，真的非常有用。

但是，到了 2016 年 6 月，我們準備開始提供服務時，Zume 的運作已經變得比較複雜。正職員工已經增加至 16 人，另外還有 30 幾名領時薪的廚房員工，以及負責送披薩的夥伴。此時，我們涉足的領域包括大規模製造、機器人整合、軟體開發，以及菜單設計，LiquidPlanner 的「瀑布」已不再流得那麼順暢。太多事情同時都在進行，而且有很多層級相互依賴。我們知道必須保持靈敏，所以工程師投入為期兩週的衝刺作業時，每天早上都會進入專案管理軟體 JIRA，了解最新情況。但是，JIRA 或 LiquidPlanner 都無法回答一個大問題：眼下要做、最重要的事是什麼？

Zume 最大的資產，是我們才華洋溢、創造力豐富的團隊。如果任由他們自由發揮，他們將投入自己認為最重要的事情，然而就算那些想法往往很好，卻未必能保持協調。我們在公司還很年輕時就引進 OKR，也就是在送出第一份披薩三個星期之後，因為我們希望所有人都知道，公司的首要任務是什麼。起初為了確保完成關鍵任務，亞歷克斯和我設定了一項標準：從上至下必須 100％契合。Zume 最早的兩個 OKR 週期裡所有目標，都是由我們兩個人設定的。將來公司站穩腳步，不再那麼害怕無法生存時，我們就可以放鬆一點。”

取得實際成就

“ **亞歷克斯．加登表示……**

我們很難否定 OKR 的明確價值，例如 OKR 可以幫助組織，連結領導階層的真正抱負。但對 Zume 這種的年輕公司來說，同樣重要的是遭到忽略的隱含價值。OKR 是培訓高層和主管的極佳工具，能教你在既有限制內管理業務。設法突破限制很重要，但限制是真實的。所有人都得面對資源限制，包括時間、金錢和人力。此外，組織越大，浪費的能量越大，一如熱力學的道理。我在微軟的 Xbox Live 當總經理時，曾與一些極富遠見的企業高層共事。但是，領導階層的理想與組織的能力脫節，讓我們吃了不少苦頭。「怎麼做」的問題，以及許多「做什麼」的問題，落在我和一些部門「步兵」頭上。我們的責任是執行命令，但它們的設定方式太不切實際，全都源自範圍過廣的使命。如果我們一開始就有一套完善的目標設定流程，許多人或許就能免去很多折磨。

在老派的管理模式下，你在管理階層中升到愈高的位置，角色愈抽象。中階主管幫你擋住日常運作的問題，使你可以集中關注大局。這種模式在步伐較慢的年代或許行得通。然而根據我的經驗，除非最高層以受到宗教感召之姿，無條件堅決投入，否則 OKR 不可能有效運作。此外，「傳教」是吃力不討好的辛苦工作。採用新制度的過程中，組織裡的人可能會討厭你，而且這過程可能長達一年。不過，這是值得的。”

紀律更嚴謹

“**茱莉亞表示……**

談到 OKR 的內在價值，首先必須講的是，這制度使我們作為公司的共同執行長，深深明白紀律的重要性。”

“**亞歷克斯表示……**

OKR 訓練我們深思，自己可以實際實現什麼，然後灌輸看法給管理階層和較低階的團隊。事業早期，當你還沒肩負管理責任時，績效評等取決於工作的質與量。然後突然間，你晉升為管理者。假設你表現良好，必須管的人愈來愈多。現在，你的薪酬已經不再與你做多少事有關，而是取決決策品質。但是，沒有人告訴你規則已經改變。於是，你遇到挫折時心想「我要更努力工作」，因為這正是你能升到這位置的原因。

但是，你應該做的事是違反直覺的：停下來，找個地方靜一靜。閉起眼睛，真正看清當前的處境，然後考慮組織的需求，替你和團隊選一條最好的路。OKR 美妙之處，在於它將深入的省思，化為正式流程。這個制度要求員工至少每季一次，退到安靜的地方，好好想想自己的決定，該如何配合公司的需求。一旦員工開始以宏觀的層面思考，將變得更中肯和精確。畢竟，你不能寫 90 頁的報告解釋自己的 OKR，而是必須選定三至五項目標，然後精確說明將如何衡量工作進度。經過這種訓練之後，有天公司升你當主管時，便已經學會了管理者應有的思考方式。這才是意義非凡。

多數新創企業不太想引進結構化目標設定制度，因為他們覺得自己「不需要」。他們自認發展迅速，只需要兵來將擋，而且他們也確實往往辦得到。但是，我認為這麼做等於錯失了一個好機會。他們其實可以在公司擴大規模之前，利用 OKR 教導員工，如何成為高級管理人才。如果公司不及早使員工養成管理者的思考習慣，便會出現兩種可能結果。失敗的公司讓規模擴展後，領導團隊卻沒有能力應付，於是公司倒閉；成功的公司同樣擴展規模，以致領導團隊沒有能力應付，於是領導團隊被撤換。兩者都是可悲的結果。比較好的做法是一開始就訓練員工，在部門只有一個人時，就逐漸養成領導人的思考方式。

因此，OKR 可以幫你鍛鍊員工。這套制度可以培養出優秀的管理人才，幫助他們避免犯新手的錯誤。OKR 將大型企業的紀律和節奏，植入一家很小的公司。我們在 Zume

執行 OKR 時，立即的好處在於過程本身。我們只是強制要求員工思考公司的業務，並且深入、透明和互相配合執行，光是這樣就已經對他們的表現大有幫助。”

參與程度更高

“亞歷克斯表示……

OKR 使很多事情無法模稜兩可。如此一來，有些人會說：「這跟我加入公司時所想的不同，我要離職。」但其他人會說：「我深受鼓舞，終於知道我們想做什麼。」無論如何，很多情況將變得更明確。對於留下來的人來說，你替他們奠定了投入工作的基礎。所有人都接受了公司的使命。如果公司上下無法同心協力，團隊合作將窒礙難行。”

“茱莉亞表示……

隨著員工熟悉 OKR 的流程，大家自然更懂得互相配合。2016 年第三季，亞歷克斯和我寫下公司最高層級的 OKR，各部門主管則採用其中幾項關鍵結果，作為他們的目標。我們只是將 OKR 布達，而且第四季的公司目標，仍是我們兩人決定的。但是，我們的團隊積極參與，共同決定公司層級的關鍵結果，一切進展順利。他們扮演更有創造力的角色，而我們的 OKR 也變得更好。我們定下的目標，仍然在考驗員工的能力，但他們覺得目標變得比較切實可行。

Zume 的關鍵技術在於「途中烘烤」（baking on the way）。我們正是靠著它衝擊產業既有秩序，帶給顧客許多歡樂。第四季公司最高層級目標之一，是要啟用我們的「大傢伙」卡車。它有 26 英尺（約 7.92 公尺）長，每輛裝了 56 臺烤箱，連接複雜的物流和訂單預測系統。這些卡車使我們得以利用演算法處理訂單，顧客在網路上下訂之後，有時只需要五分鐘，我們就可以將熱騰騰的披薩送上門。產品經理威伯哈夫·葛爾（Vaibhav Goel）負責訂購、協調，和啟用我們的第一支途中烘烤車隊。這套 OKR 設計得無懈可擊，如果葛爾完成他的三項關鍵結果，我們就確定可以達成目標。

目標

替山景城總部啟用第一支途中烘烤車隊。

關鍵結果

1. 11 月 30 日前，準備好 126 臺經徹底檢驗合格的烤箱。
2. 11 月 30 日前，準備好 11 個經徹底檢驗合格的架子。
3. 11 月 30 日前，準備好 2 輛經徹底檢驗合格、功能齊全的途中烘烤卡車。

每一個組織裡，都有人比較勇於替自己大聲講話。如果無法一次贏得別人的支持，他們很樂於再講一次自己的主張。相對之下，比較安靜的人因為不大喜歡講話，需求可能遭到忽略。OKR 制度則賦予每一個部門相同的話語權，沒有人必須因為沉默而利益受損，這種事已經不存在，所有人的目標都有公平的機會，得到評論和支持。

我想再補充一點，真正優秀的公司重視不同的意見，會設法找到異議，並讓它浮上檯面。我們正是藉此建立一種用人唯才、論功行賞的制度。”

“**亞歷克斯表示……**

全面實行 OKR 之前，我們先在主管層級試行了兩季，以建立必要的文化。相當奇怪的是，我們發現，最活躍參與的人，起初是最懷疑新制度是否可行的。”

“**行銷總監鈴木約瑟夫（Joseph Suzuki）表示……**

我起初視 OKR 為某種節食方案，只需要跟著做，就可以變得苗條漂亮。它感覺上像記帳，又像行政流程，卻對我產生了預料不到的作用。每兩個星期，我檢視 OKR 時，會花幾分鐘思考自己正在做的事，思考目標與公司當季的需求有何關係。

身處新創企業時，你很容易迷失在戰術性的細節中。尤其是我的部門身兼多種職務，更有可能落入陷阱。這種狀況非常危險，因為你是在波濤洶湧的大海裡游泳，很容易就看不見陸地。然而，OKR 賦予的沉思時刻，幫助我重新找到方向。當我思考過「如何對公司的大計有所貢獻？」行動就不再只是另一項活動或另一份報告了，而是連結了更大、更有意義的事物。”

透明度更高

“茱莉亞表示……

打從一開始，OKR 就迫使我們釐清誰負責什麼。如果有顆高飛球即將落在兩名外野手之間，那就必須有人喊出「我來接」。否則，不會有人接住它，又或者兩人會因為搶著接球而相撞。早期，我們的野手有行銷和產品主管，該由誰負責 Zume 的營收目標？其實，這兩名主管都才加入我們一個月，不熟悉 OKR，也不熟悉 Zume（況且，Zume 也不熟悉自己）。亞歷克斯和我看到他們的困惑，因此將目標分為新增營收（行銷）和固有營收（產品）兩部分，作為兩名主管設定工作計畫的基礎。那次對話相當重要，儘管與目標本身無關，但絕對是早期 OKR 流程的副產品。如果某些事情的責任歸屬不清楚，問題將立即浮現，不可能看不到。”

團隊合作更緊密

“亞歷克斯表示……

在八個月的時間裡，我們從頭開始，創立了一家餐飲公司、一家物流公司、一家機器人公司，以及一家製造公司。我們以 OKR 作為教學工具，灌輸體貼入微的文化。OKR 使你開始反射性思考，自己正在做的事將如何影響周遭的人，以及工作如何仰賴其他人配合。”

“茱莉亞表示……

我們的團隊不拘一格。行政主廚亞倫．巴特克斯（Aaron Butkus）曾在紐約市多家街坊小餐館工作。車隊經理邁克．貝索尼（Mike Bessoni）以前在電影業工作。我們還有一位產品專家，和一位軟體工程師。每個人加入時，都各有自己的語言。OKR 則是我們的通用語言，提供共同的詞彙。領導團隊的七名成員，每週一都會開午餐會，隔週討論我們的 OKR。你會聽到同事說：「誰負責顧客？」「你會怎麼設定這項目標的關鍵結果？」而人人都知道，這些話確切代表什麼意思。

即使是世上最美味的披薩，如果送上門時是冷的，也無法使顧客開心。邁克和亞倫必須共同負責「顧客滿意」的目標。邁克可能會說：「我有項關鍵結果是擴大送貨範圍，但現在可能無法完成任務。」原因或許出自製造團隊遇到障礙，遲遲無法交出一輛可用的送貨卡車。如此一來，我們就必須集體討論，這道難題將如何影響服務範圍和營收。而且，這也跟我們的行銷總監鈴木有關，因為他有一項 OKR

是提高公司的營收。

如果是別家公司，邁克可能會打電話給製造部主管說：「你們有沒有搞錯，可以快點交貨嗎？我已經等到天荒地老了！」但如果你說的是：「我的關鍵結果岌岌可危」，語氣就比較平和，也相對有建設性。因為我們公司的標準是百分百契合，整個團隊都接受所有關鍵結果，以及這些結果涉及的依賴關係。指出問題完全不是要批評誰，只是希望解決問題。這種做法會產生什麼結果呢？兩位主管將互相支持，向亞歷克斯和我爭取投入更多資源。”

“行政主廚亞倫・巴特克斯（Aaron Butkus）表示……

如果我想推出一款新的季節限定披薩，我不可以說做就做。至少必須在一週前，知會行銷部門這件事，然後攝影和設計人員得來拍照片。這項決定影響每一個部門，包括產品經理的網站、技術團隊，以及他們的行動應用程式。OKR 使我能按部就班，專心做好這件事。這套制度確保我能按時設計好新產品，不會阻礙其他人的工作。我的期限已經記在某項關鍵結果裡面，我可以更清楚看到大局。

這無疑是建立團隊的過程。OKR 提醒你：你是這個奇特小社群的一員。你很容易陷在自己的問題裡面，尤其是在廚房工作的話。但 OKR 可以使人感覺到「耶，我們正一起為此努力，我們一起為所有事情努力。」”

對話更順暢

亞歷克斯表示⋯⋯

每兩個星期，Zume 每一名員工，都必須與自己的上司，進行一小時的一對一對話。（茱莉亞和我則彼此對話。）這一小時是神聖的，不能遲到，也不能取消。對話只有一條規則：不談工作。議程以你為中心，你這個人、你未來兩、三年有什麼個人目標，以及你未來兩個星期將如何為此努力。我喜歡以三道問題開場：什麼事情使你非常開心？什麼事情消耗你的活力？你夢想中的工作是怎樣的？

然後我會說：「注意，我要告訴你我對你的期望。首先，要堅持講真話。第二，要堅持做對的事。如果你做到這兩點，我們將無條件支持你，所有時候都支持你。而我個人向你保證，你將可以達成未來三年的個人和事業目標。」然後我們就展開對話。

有些人可能覺得這種做法在於利他，但它其實是一種有力的手段，能將員工與公司聯繫起來，有助防止人才流失，也能幫助員工明白如何克服障礙。主管可能會說：「這項目標對你似乎非常重要，但過去兩個星期卻沒什麼進展。為什麼？」說起來或許有點弔詭，但這種不談工作的一對一對話，其實是持續性績效回饋的一部分。藉由討論員工的個人目標，你可以大大增進對他們的了解，知道他們在事業發展上，有哪些有利條件，又遇到什麼障礙。

如果你與員工保持定期的深入對話，便將知道何時必須有所調整，讓員工有機會替自己充電。例如，團隊為了某項緊急任務全力以赴，完成工作之後，你可能想調高他們下一季的個人事業發展時間，例如從 5%增至 15%或 20%。這看起來像是公司的巨大負擔，但實際上，是為公司未來兩、三季的執行工作，創造有利的條件。”

更優良的文化

“**茱莉亞表示……**

文化是一種共同語言，能使組織裡的人確定大家在講相同的事物，以及講的話是有意義的。此外，文化也確立了共同的決策框架。組織如果沒有文化，將變得無所適從，不知道如何使關鍵職能變得可複製、可擴展。

文化還有一個比較理想的層面，那就是有關價值觀的對話。我們這個組織追求什麼？我們希望員工對他們的工作、我們的產品有何感想？我們希望對這個世界產生什麼影響？”

“**亞歷克斯表示……**

Zume 的創業原則，也就是我們的使命，是茱莉亞和我在別人介紹下初次見面之後，她在電話裡告訴我的。我因為深受感動，於是將這兩項原則做成巨型海報，貼在我們廚房的牆上。第一項原則是：為顧客提供食物是神聖的責任。第二項原則是：每一名美國人都有權利，享用美味、實惠和健康的食物。

下列這組 OKR，便是直接源自我們的使命：

目標

使顧客歡喜。

詳述

為顧客提供食物是神聖的責任。為了維持顧客的信賴，我們必須提供最好的顧客服務和食物品質。為了使公司成功，我們必須確保，顧客非常滿意我們的服務和產品，並且不由自主訂購更多披薩，同時向朋友熱烈讚揚我們。

關鍵結果

1. 淨推薦者分數（Net Promoter Score）達到 42 分或更高。
2. 顧客評分達到 4.6（滿分為 5.0）或更高。
3. 75%的顧客在盲測中，喜歡 Zume 勝過競爭對手的披薩。

”

“ 茱莉亞表示……

我們的使命影響非常多日常決定。在披薩裡加多一點鹽，或是在醬汁裡加多一點糖，而不是努力找來最新鮮的蕃茄，簡直太容易了。這種危險的小妥協，可能在組織裡暗中發生，損害企業的品格。

我們每一名新員工正式開始工作之前，都會接受有關公司使命和價值觀的培訓。亞歷克斯和我會非常清楚說明，我們對員工有哪些期望。這迫使我們無論是作為組織或個人，都具備高度負責的態度。我們有一種「最佳主意勝出」的文化，員工可以自由質疑任何人，包括執行長。”

“ 亞歷克斯表示……

尤其是執行長。質疑執行長是最好的。如果有員工在公開的場合質疑我們，我們總是會停下來，大談特談我們非常欣賞員工對我們直言。我們會做得有點誇張，希望能鼓勵員工對高層有話直說。”

領導人更上一層樓

“ 茱莉亞表示……

我曾替一些非常優秀的領導人工作。他們各有非常不同的特徵，但都有一項共同點：可以非常冷靜、清醒和專注。如果你跟他們坐下懇談 20 分鐘，會發現他們的思路始終非常有條理，可以相當清楚、深入討論我們必須做些什麼。如果你必須一邊設法籌資、一邊利用機器人做披薩，又得一邊建造廚房，自然必須經常快速轉換脈絡。有時候，你會覺得有點狂亂。但是，如果你清楚知道公司的目標，一如你清楚知道自己姓什麼，就會覺得很安心。OKR 幫助我成為這種專注、頭腦清楚的領導人。無論事情變得多瘋狂，我總是可以回到真正重要的事情上。”

第 18 章
企業的支柱：文化

你需要一種鼓勵小創意的文化。

——貝佐斯（Jeff Bezos）

俗話說，文化將策略當早餐吃（意思是文化支配著策略）。文化是我們可仰賴的支柱；文化賦予工作意義。領導人著迷於文化是有道理的。創業者會思考，如何在公司成長的過程中，保護公司的文化價值觀。大企業的執行長，正訴諸 OKR 和 CFR，作為文化變革的工具。愈來愈多求職者和事業建設者，如今以文化契合作為最高準則。

本書一再強調，OKR 是一項工具，能明確反映領導階層的優先要務和洞見。CFR 則協助確保，這些優先要務和洞見，能在組織中傳播出去。但是，目標無法在真空環境中達成。目標也如同聲波，需要傳播媒介。對 OKR 和 CFR 來說，媒介就是組織的文化，它體現了組織最珍視的價值觀和信念。

如此一來，問題就變成：企業如何界定和建立有益的文化？雖然我沒有簡單的答案，但 OKR 和 CFR 能提供藍圖。

這兩項工具可以協調各團隊，為若干共同目標努力，然後利用目標導向的輕量溝通團結員工，造就透明和當責精神，而這兩項特質，正是組織保持出色績效的關鍵。健康的文化與結構化目標設定相互依賴，是追求傑出營運表現時無庸置疑的好夥伴。

安迪．葛洛夫知道，這種相互作用非常重要。他在《葛洛夫給經理人的第一課》中寫道：「簡而言之，文化是一套價值觀和信念。了解一家公司的文化，就了解它的做事方式，也了解原則上事情應該怎麼做。強健和積極的企業文化絕對是必要的。」作為一名工程師，葛洛夫將文化與效率劃上等號，視為一套可以快速做出可靠決策的指引。公司在文化上保持一致，員工就了解前進的道路：

> 聰明的企業公民，堅持奉行公司的文化價值觀，遇到類似的情況將展現類似的行爲；這意味著管理階層不必受正式的規則、流程和規定造成的效率不彰情況困擾……管理階層必須發展和培養一套共同價值觀、目標和方法，這對維持信任關係至關緊要。我們應該怎麼做？方法之一是向員工清楚說明這套東西……而且，另一種方法更重要，那就是以身作則。

作為高層管理人員，葛洛夫以身作則，向員工示範英特

intel

營運風格：我們的價值觀

- 以人為本
  - 我們重視有力的相互承諾。
  - 尊重所有工作。
  - 挑戰與機會。
- 開放
  - 突出預期中的問題或議題。
- 解決問題
  - 乾脆俐落。
  - 質問必須是建設性的。
- 結果
  - 所有結果以產出為重。
  - 膚淺將不受敬重。
  - 以正面的回饋獎勵成就。

IOPEC

intel

- 紀律
  - 在競爭激烈和複雜的環境下，有紀律才可以達致卓越表現。
- 承擔風險
  - 高科技業務必須承擔風險。
  - 不怕失敗；自我揭露。
  - 優勝者。
- 信任與品格

IOPEC

英特爾的簡報：營運風格。

爾的最高文化標準。他在講解英特爾的組織、哲學和經濟學的課程（iOPEC）中，努力向新員工灌輸英特爾的文化價值觀。第 249 頁兩張簡報出自 1985 年，是葛洛夫講解英特爾七項核心文化價值時使用的。

安迪．葛洛夫重視的特質（集體當責、無畏承擔風險、可衡量的成就）在 Google 也很受重視。Google 一份內部研究報告「亞里斯多德專案」（Project Aristotle），觀察了 180 組團隊後提出，突出的表現與正面回答下列五道問題有關：[1]

1. **結構與明確性：**團隊的目標、分工和執行計畫是否明確？
2. **心理安全：**我們在這個團隊是否可以承受風險，而不會感到不安或尷尬？
3. **工作的意義：**我們所做的事，是否對每一個人都有重要的個人意義？
4. **可靠性：**我們是否可以互相依靠，按時完成高品質的工作？
5. **工作的作用：**我們是否打從心底相信，我們所做的工作很重要？

清單中的第一項「結構與明確性」，正是目標與關鍵結果的存在理由。其他各項全都是健康職場文化的關鍵面向，與 OKR 的超能力和 CFR 的溝通工具直接有關。例如，以同儕間的可靠性而言，在高效運作的 OKR 環境中，透明與契合使團隊成員更勤奮履行職責。在 Google，團隊為工作目標集體負責，個別員工則為具體的關鍵結果負責，頂尖績效是協作和當責的結果。

OKR 文化是當責的文化。你努力追求達成目標，不是因為上司命令你這麼做，而是因為所有人都知道，每一項 OKR 對公司都很重要，對仰賴你的同事也很重要。沒有人希望自己在別人眼中，成為拖團隊後腿的人。所有人都以幫助團隊取得進展為榮。這是一種社會契約，但它也是一種自治的契約。

在《進步定律》（*The Progress Principle*）中，泰瑞莎．艾默伯（Teresa Amabile）和史帝芬．克瑞默（Steven Kramer）分析了 26 支專案團隊、238 人和 12,000 則員工日誌，結論是積極的組織文化仰賴兩項要素。[2] 要素一是「催化劑」（catalysts），也就是「有利於工作的行為」，看來很像 OKR：「催化劑包括設定明確的目標、容許自主、提供足夠的資源和時間、協助工作、公開從問題和成就中吸取教訓，以及容許自由的意見交流。」另一項要素「滋養劑」（nourishers）則是「人際間的支援行為」，與 CFR 非常相似：「尊重和賞識、鼓勵、情感安慰，以及聯繫的機會。」

在攸關重大利害的文化變革場域，OKR 在我們擁抱新事物之際，賦予我們目標和明確性；CFR 則提供了完成這趟旅程需要的能量。大家真誠交談，並且因為表現傑出，而得到有益的回饋和賞識，此時熱情就變得很有感染力。努力追求突破的心態和天天進步的決心，也有相同的效果。視員工為寶貴夥伴的公司，往往是提供最佳顧客服務的公司。它們有最好的產品，銷售成長極為強勁，最後終將勝出。

隨著持續性績效管理興起，一年一度的員工調查，已經漸漸由即時回饋取而代之。「脈動」（pulsing）是一種新興的線上即時回饋工具，可約略反映組織的職場文化。這種捕捉訊號的問卷調查，可以由人資部安排每週或每月進行，或是成為持續的「涓滴」（drip）方案其中一部分。無論如何，脈動調查簡單又迅速，觸及的面向廣泛。例如，問題可能包括：你目前睡眠充足嗎？你最近是否曾與上司見面，討論目標和期望？你對自己的職業道路，是否有清晰的概念？你目前是否得到足夠的挑戰、動力和能量，是否覺得自己處於良好的狀態？

回饋是一套著重傾聽的系統。在工作的新世界，領導階層不能坐等員工上八卦版批評公司，也不能坐視提出重要貢獻的員工跳槽。領導人必須學會傾聽，在訊號出現時就接收到訊息。如果目標設定平台可以在員工登入系統時，問他們兩、三個問題，了解他們的狀態，那不是很好嗎？如果平台可以結合目標進展相關的量化資料，和源自頻繁對話與「脈動」回饋的質化資料，那不是很好嗎？或許不久之後，軟體就能提醒管理者：「跟鮑勃談談，他的團隊有些狀況。」

OKR 幫助組織鍛鍊出「目標肌肉」，CFR 則使肌腱更有彈性、更靈敏。脈動調查評估組織當下的健康狀態，包括身體與靈魂，工作與文化。

Coursera 是領先全球的線上高等教育業者，2013 年開始採用 OKR，此時他們創立僅一年。當時的公司總裁利拉．伊布拉欣（Lila Ibrahim），是尊崇安迪．葛洛夫的前英特爾員工。由於她及時參與，Coursera 嘗試了罕見、堪稱典範的做法：他們將 OKR 明確結合公司的價值觀與崇高使命宣言。Coursera 的使命宣言明確反映公司的文化：「在我們設想的世界裡，無論身處何處，人人皆可利用世界上最好的學習體驗，改變自己的生活。」Coursera 將團隊層面的目標，結合公司最高層級的策略目標，而後者則與公司的五項核心價值相連：

- **學生第一：**吸引學生，增加學生得到的價值；擴大接觸新學生。
- **優秀的夥伴：**成為各大學的優秀夥伴。
- **高瞻遠矚，促進教育：**建立創新的世界級教育平台。
- **關心隊友，有人情，謙遜：**建立強大且健康的組織。
- **做好事，做得好：**不斷試驗，建立可持續的業務模式。

Coursera 為每一項核心價值擬定多組 OKR，例如下列是以「學生第一」為主軸的其中一組 OKR：

目標

擴大接觸新學生。

關鍵結果

1. 做 A／B 測試，學習吸收新學生和吸引既有學生的方法，一再利用有效的方法。
2. 增加每月活躍行動用戶數至 15 萬人。
3. 創造內部工具，追蹤關鍵的成長指標。
4. 推出新功能，幫助導師製作更吸引人的影片。

OKR 為 Coursera 的使命提供實踐途徑，使各團隊得以清楚說明自己的目標，並且契合公司的目標與廣泛的價值觀。多年之後，該公司友善包容的文化，與許多矽谷新創企業咄咄逼人、好鬥的性格，形成鮮明對比，而這種差異無疑相當受到歡迎。

Coursera 前執行長里克·萊文（Rick Levin）表示：「我無法想像沒有 OKR 的情況下，我們將會變成怎樣。OKR 的紀律迫使我們每季回顧，為自己的表現負責，並且展望未來，思考如何將公司的價值觀實踐得更徹底。」

2007 年，傑出的企管哲學家多夫・賽德曼（Dov Seidman）出版了有關文化的開創性著作《為何做事方式決定一切》（*HOW: Why HOW We Do Anything Means Everything... in Business (and in Life)*）。多夫的前提是文化引導人的行為，決定組織的真正運作方式。在資源開放和高度連結的世界裡，行為比產品線或市占率更能定義一家公司。多夫最近對我說：「這是無法複製或商品化的東西。」

多夫主要的見解在於：行事方式優於對手的公司，績效也將優於對手。他辨識出「自治組織」（self-governing organization）這種價值導向的模式。在這種組織中，長久傳

Coursera 團隊與前總裁暨營運長利拉・伊布拉欣（左 1），和兩位共同創辦人達芙妮・寇樂（Daphne Kohler，左 5）與吳恩達（右 1），合影於 2012 年。

承的價值觀比下一季的投資報酬率重要。它們並非只是吸引員工投入工作，還激勵、啟發他們。它們以共同的原則取代規則，以共同的宗旨觀念取代獎懲手段。這種組織以信任為基礎，員工因此可以承擔風險，進而促進創新，提升績效和生產力。

多夫對我說：「過去員工只需要嚴格遵循命令，好好完成下一件事，文化因此不是那麼重要。但在現今的世界，我們要求員工選擇正確的事來做。規則手冊可以告訴我，什麼事可以做、什麼事又不能做。至於我應該做什麼，則需要文化作為指引。」

這是個崇高理念，或許能造就變革。但正如多夫承認，宣稱信奉勇敢、悲憫或創新等價值觀是一回事，大規模實踐這些價值觀，又是另一回事。後者需要建立系統、利用指標。多夫認為：「我們選擇衡量的事物，反映了我們的價值觀，也反映我們重視什麼。因為，『衡量』正是告訴大家，那些東西很重要。」

為了驗證他的論點和觀察，多夫需要數據，而且是大量的數據。他創辦的公司 LRN 中，多夫的團隊從事嚴謹的實證分析，多年來精益求精，結果皆發表在一系列的年度 HOW 報告中。[3]

安迪・葛洛夫利用質化的目標，平衡量化的目標，多夫則找到方法量化看似抽象的價值，例如信任。他的「信任指數」測量具體的行為，例如有關資訊有多透明。多夫告訴我：「我避免詢問受訪者的感受。我不會問：『你覺得公司對你誠實嗎？』我會看資訊流動的情況，例如這家公司是否將某些資料藏起來？它僅將資訊分配給必須知道的人，還是容許資訊自由流通？如果你繞過主管，向更高層的人反映意見，你會受到懲罰，還是得到稱讚？」

截至 2016 年，HOW 報告涵蓋 17 個國家和超過 16,000 名員工。結果發現，自治組織的比例，已從 2012 年的 3% 增至 8%。在這些以價值為依歸的公司中，96% 有出色的系統性創新表現，95% 有相當高的員工敬業和忠誠度。行事方式出色的公司，確實也有出色的績效；94% 的公司則表示，自家公司的市占率上升了。

多夫認為，「積極透明」（active transparency）是最有力的文化力量，在這種環境下，「人們積極開放，分享真相，將其他人引入群體，甘願處於一種易受傷害的狀態。」他對我說出這項觀點時，我能看到安迪．葛洛夫在微笑。OKR ／ CFR 文化的首要條件是透明的文化。我最初是在英特爾學到這些教訓，然後看著 Google 和數十家有遠見的公司，一再驗證這些教訓。基於願景的領導，勝過命令與控制。結構愈扁平，組織愈靈敏。績效管理如果成為雙向交流的網絡，員工將茁壯成長，取得不凡的成就。

說到底，關鍵在於我們如何互相聯繫、組織。關於這一點，多夫觀察到：「協作本身，也就是我們聯繫的能力，是成長和創新的引擎。」

條件備齊時，OKR 與 CFR 將成就由上而下的契合、團隊優先的網絡交流，以及由下而上的自主和敬業。而這些特質，正是所有富活力、價值導向文化的支柱。但某些情況下，引進 OKR 之前，可能必須先啟動文化變革。（詳見次章 Lumeris 的相關故事）另一些情況下，如波諾和他的「ONE 反貧運動」顯示，一名富魅力的執行長／創辦人（波諾是貨真價實的搖滾巨星），可以利用 OKR 由上而下改造組織文化。因此，我們最後兩則故事將探討，文化變革與結構化目標設定之間，豐富的相互關係。

第 19 章
文化變革：Lumeris 的故事

安德魯・柯爾（Andrew Cole）
前人資長暨組織發展總監

組織如果還沒準備好，要採用徹底開放和當責的制度，實施 OKR 之前，或許必須在文化上做一些工作。如吉姆・柯林斯在《從 A 到 A+》中指出，首先你必須「找合適的人上巴士，讓不對的人下車，然後使每個人坐在合適的位子上。」只有這樣，你才能發動車子和踩下油門。

不久之前，價值導向的醫療業有家領先業者，走到了十字路口。Lumeris 是一家技術和解決方案公司，總部設在密蘇里州聖路易。他們為醫療業者和支付者提供軟體、服務和技術訣竅，客戶包括大學醫院網絡和傳統保險業者。該公司創立於 2006 年，經由聯邦政府監理的保險公司艾森斯醫療（Essence Healthcare），與 200 名聖路易地區的醫師合作，並且利用聯邦醫療保險（Medicare Advantage）健保方案，服務密蘇里州 65,000 名長者。

Lumeris 透過大量的病患資料，幫助合作組織將傳統按服務收費、以數量為基礎的「治病」醫療，轉化為完全不同的醫療服務系統，不僅鼓勵事前預防，更勸阻不必要的檢查，或有害的住院治療。在這種價值導向的模式下，基層醫師為病人負責，從出生照顧到死亡。這種模式的目標是改善生活品質，同時節省寶貴的資源和金錢。Lumeris 已經證明，這些目標可以相輔相成。

Lumeris 執行長邁克・朗（Mike Long）表示，公司的艱難目標是合理化美國的醫療供應鏈：「所有其他產業中，成功的基礎是透明的成本、品質、服務和多樣的選擇。但這些原則卻完全不適用於醫療領域，因為醫療系統完全不透明。醫師難以知道，別人替你要求了什麼服務，更不清楚成本。在這種情況下，你怎麼可以要求他們為財務結果負責？」這是轉型上的巨大挑戰，而 Lumeris 透過 OKR 的幫助，正帶頭促進這種轉型。

Lumeris 仰賴透明的資料，看來很適合採用安迪・葛洛夫的目標設定系統。但是，前人資長安德魯・柯爾指出，適應這套系統一點也不簡單。安德魯表示，如果不處理文化障礙，「『抗體』將會非常活躍，組織將排斥移植過來的 OKR 器官。」安德魯在設計組織全面改造計畫方面，有非常豐富的經驗，是幫助 Lumeris 成功移植 OKR 的絕佳人選。

“安德魯・柯爾表示⋯⋯

我加入 Lumeris 時，他們已經執行了三季 OKR，理論上是這樣。他們的員工參與率非常高，至少他們是這樣告訴我。但經過深入分析後，我意識到，他們的做法相當膚淺。每個季末，人資部一名員工會像傑克羅素梗那樣四處跑，緊追著公司的主管，努力在董事會開會前取得新數據。員工登入軟體平台，輕鬆調整衡量目標的指標，然後宣稱自己達成了目標。他們隨便寫個日期，然後在方格裡打勾。這一切在 PowerPoint 上看起來很好，但並不真實。

公司裡沒什麼人了解 OKR 背後的運作原理，這套方法也沒有得到領導高層的明確支持。最重要的是，沒有人要求導正這套系統。我檢視員工的目標後發現，它們與實際工作無關。我詢問公司的主管：「為什麼你的 OKR 中有這一項？」他們往往不知道，自己的目標與公司希望達成的目標，有什麼關係。實在是有太多表面工夫了。

在打破現狀、厲行改革之前，我致力了解組織。但兩季之後，我還是不確定，自己能否拯救 Lumeris 的 OKR 制度。某次不公開的董事會討論中，我問約翰・杜爾：「如果我認為這套工具不適合我們，就不應該繼續使用，對吧？」他說：「當然。」此時，我已經診斷出公司的根本問題，那就是被動攻擊(passive-aggressive)的態度。所有人都在想：「這對我有什麼好處？」但沒有人處理這個基本問題。雖然，OKR 真的是致力於改善目標設定與合作溝通，但大家都不相信。除非我們能改變環境，否則這套制度不可能成功。

改變並非一蹴可及。管理高層當初引進 OKR，是希望它能幫助調和兩種互相衝突的內部文化。聖路易醫師團體建立的醫療保險公司艾森斯，不僅遵循醫界傳統，亦盡可能避免冒險；Lumeris 則不惜冒險，以追求技術和資料上的突破。艾森斯在超級競爭的產業裡，培養出專屬的模式；Lumeris 則將自己的經驗教訓公諸於世。

因為市場開始大量索求我們的服務，這種文化差異拖慢了我們的速度。2015 年 5 月，我加入公司 11 個星期之後，宣布在 Lumeris 的旗幟下，全面進行組織改造。（我們的想法是，一家公司應該只有一個名字。）我知道，OKR 最終可能成為我們的通用語言，成為聯繫所有人的目標的工具，但我們有更緊急的事必須做。如果組織在文化上不協調，世上最好的營運策略依然無用武之地。

人事改革

你的行為比你的言語更受人重視。Lumeris 有一些資深高層，行事方式老派又專制。他們的作風背離我們的核心價值，包括勇於承擔、當責、對工作熱情，以及對團隊忠誠。在這些高層離開組織之前，無論倡導什麼都沒用。但是，我們確保他們離開公司時，仍保有應得的敬重和尊嚴；這對任何改革計畫都很重要。

某次公司文化相關會議上，我們都對員工說：「你有權利，不！是有義務，要求管理團隊對我們宣稱的組織文化負責。如果我們沒有貫徹自己宣稱的文化，請約見我們，或寄電子郵件表達意見。你也可以在碰到我們時，直接告訴我們哪裡做得不好。」

結果，我們花了三個月，才開始有人接受邀請。我們的執行長邁克・朗某次在午餐會上說：「為什麼會有人想在害怕互相當責的環境下工作？」這形成了有力的轉折點，員工開始相信我們是認真的。但是，文化變革也可能是非常私人的事。我們必須藉由一次又一次的對話，逐一說服員工，使他們相信協作、共同當責和公開透明，將能夠得到獎勵。同時向他們證明，他們完全不必害怕新的 Lumeris。

人資管理可以是成就傑出營運的有力手段，它也彰顯了文化變革。畢竟，文化就在於你聘請什麼人，以及他們奉行哪些價值觀。雖然 Lumeris 的中階管理人員有 A 級和 B 級人才，但也有 C 級或更差的人。因為公司根據錯誤的標準和含糊的面談，才聘請了這些人。如果指示錯誤，沒有任何工具幫得上忙，連 OKR 也不例外。

時間是變革的敵人。我們在不到 18 個月內，換掉 85% 的人資管理人員。所有管理高層和前線員工都充分準備好了之後，我們處理更困難的問題：增強中階管理人員。從展開工作到穩定情況，通常需要三年時間。完成之後，新文化就已經相當穩固。

目標

建立能吸引和留住 A 級人才的組織文化。

關鍵結果

1. 致力聘請 A 級主管／領袖。
2. 優化招聘職能以吸引 A 級人才。
3. 潤飾所有職務說明。
4. 重新培訓所有參與面試的人。
5. 確保員工持續得到輔導／指導機會。
6. 創造學習文化，以助培養新舊員工。

OKR 起死回生

2015 年底，我要求人資團隊，剖析公司之前推行 OKR 的嘗試。如果我們想再試一次，必須重新培訓公司裡每一個人，真的是每一個人。我們不會有第三次機會。

2016 年 4 月，我們重新推出 OKR 平台，先安排營運部門 100 名員工試用 60 天。我們的營運資深副總裁起初有疑慮，但因為我們加強培訓，而且改善了軟體，他很快就變得相當熱衷。試用期開始不到兩週，他就發電子郵件給部屬詢問：「這項目標你為什麼這麼寫？這裡你用什麼指標？我不明白這組 OKR，它不符合我從客戶回饋中看到的情況。」他的部屬因此心想：「老闆真的關心這件事！我最好認真點。」

爭取我們的員工支持 OKR 絕非易事，也無法立即做到。公開透明很可怕，眾目睽睽之下承認自己失敗也很可怕。但是，我們必須改變員工的觀念，讓他們捨棄從幼稚園開始學到的一些東西。這就像你第一次潛水，潛到 35 英尺（約 10.67 公尺）深的海裡，腎上腺素激增，嚇到有點不知所措。然而，一旦你回到水面上，便興奮極了。你對水面下方的事物，開始有了新見解。

投入 OKR 也是這樣，當你開始與直屬部屬進行真誠、脆弱的雙向對話，就會明白什麼東西對他們有效。你會感受到，他們渴望與比自己更大的事物建立聯繫。你知道他們需要別人肯定，他們的工作是重要的。藉由目標與關鍵結果的開放溝通，大家得以了解彼此的弱點，但不怕因此受到攻擊。（對主管來說，OKR 有一項特別的好處能引導他們，聘僱可以彌補自己弱點的部屬。）我們的員工不再迴避自己的挫折，而是開始認識到，盡力而為之後失敗並不可恥，尤其當 OKR 幫助你失敗得快又機敏的時候。

公司裡的風氣改變了。我們開始聽到員工評論：「我原本完全悲觀，但現在明白這制度如何能幫助我。」98%的試用者成為 OKR 平台的活躍用戶；72%設定了至少一項與公司目標契合的個人目標。此外，92%的試用者表示，他們現在明白「主管對我有何期望」。

公開透明但不評斷

當時，雅特・格拉斯哥（Art Glasgow）是我的工作夥伴，他於 2016 年春季加入，成為我們的總裁暨營運長。我們都同意，OKR 必須貫徹到底，否則沒有意義。雅特自願成為我們的執行贊助者，與目標設定系統的守護者。他在某次全體會議上站出來說：「OKR 是我們管理公司的方式，我們將利用 OKR 衡量你們的主管。」（這是平衡棒子的胡蘿蔔。）雅特在推動 OKR 這件事上，發揮了關鍵作用。他替自己稱為「嚴格透明但不評斷人」（brutal transparency without judgment）的原則定下基調，也使我的工作變得沒那麼孤獨。

同年第三季，隨著 OKR 系統開放，讓 Lumeris 全部 800 名員工開始使用，我們創立自己的教練培訓計畫。我們在五週內，與經過改造的人資部一起加班，會面公司每一名主管，總共超過 250 人，每次見 20 ～ 30 人。我們打開大門，歡迎他們前來一對一討論，並告訴他們沒有所謂的蠢問題。這些面談成了黃金機會，對於吸引員工投入工作，與鼓勵他們達成目標，發揮了關鍵作用。

設定目標與其說是科學，不如說是藝術。我們不僅教員工如何完善某項目標，或可衡量的關鍵結果，我們還有自己的文化議程。

- 為什麼透明很重要？你為什麼會希望，其他部門的人也知道你的目標？為什麼我們正在做的事很重要？
- 什麼是真正的當責？尊重其他人感受的當責，與可能傷害自身感受的當責有何不同？
- OKR 如何幫助主管「藉由其他人完成工作」？（對成長中的公司來說，這是攸關擴大規模的一大因素。）我們如何說服其他團隊，以我們的目標為優先要務，確保我們達成目標？
- 何時應該加重團隊的工作量？何時應該減輕工作負擔？何時應該將某項目標轉交給另一名團隊成員？何時應該重寫目標，使它變得比較清晰？何時應該完全刪除某項目標？在建立員工信心的過程中，時機相當重要。

這些問題沒有標準答案，但某些領導人具備處理前述問題的智慧。他們與團隊關係密切，也與了解成功、知道何時宣佈勝利的經理人關係密切。（我建議別太早宣佈勝利。）

我們在培訓上的投資得到了回報。2016 年第三季，公司首次全面推行 OKR，75％的員工擬定了至少一組 OKR。挽留人才的效果展現，現在，Lumeris 非自願離職的情況減少了。我們請到合適的員工，並且留住那些可以在公司茁壯成長的人。

推銷你的紅燈目標

雅特上任後不久，便召集 Lumeris 領導團隊，在公司外進行了整天的業務檢討會。現在，我們每個月都會這麼做。公司最高層級的 OKR 展示在螢幕上時，看來可以達成目標的領導人一目瞭然。雅特不喜歡黃燈，因此每一項目標不是標示為綠燈（進度符合預期），就是紅燈（可能無法達成）。其中沒有「鐘形曲線的模糊地帶」，也沒有隱瞞問題的餘地。

檢討歷時三小時，十來位主管逐一報告工作進度。如果目標狀態是綠燈，大家就不花時間討論。主管努力「推銷」處於紅燈狀態的目標。領導團隊投票決定，哪一項紅燈目標對公司整體而言最重要，然後展開腦力激盪，直到想出方法，能使紅燈目標回到綠燈狀態。各部門主管會自告奮勇「買下」同事的紅燈，展現跨部門團結精神。如雅特所言：「我們全都是來這裡幫忙的。我們全都同坐一條船。」據我所知，「推銷你的紅燈目標」是我們獨創的 OKR 用法，而且非常值得仿效。

Lumeris 經過改革之後，如今重視彼此的依賴關係，並且獎勵刻意為之的協調工作。美國市場資深副總裁傑夫・史密斯（Jeff Smith）表示：「OKR 促使你致力做好工作，而非只是做某種工作。我們的區域市場主管，如今會致力協調，以便把握機會，而不是獨力追求勝利。我們正從英雄文化轉向團隊文化。」史密斯驚喜發現，營運團隊將他們的目標，與史密斯的銷售目標直接掛鉤。他說：「以前你會聽到：『我是營運部的，你是銷售部的，做好你該死的工作就好。』現在比較像是找了一位外接球員幫忙：『我在這裡，讓我來幫你。』OKR 產生這種結果，是我完全沒想到的。」

Lumeris 首先必須培養適當的組織文化，以便 OKR 扎根，然後它需要 OKR 維繫、加深這種新文化，幫助它贏得員工的心和腦。這是一場沒有終點的運動。”

Lumeris 的醫師和領導人，攝於 2017 年。後方是蘇珊・亞當斯醫生（Susan Adams）與營運長雅特・格拉斯哥；前方則是湯姆・哈斯汀醫師（Tom Hastings）與執行長邁克・朗。

無論以什麼標準衡量，2017 年都是 Lumeris 的豐收年。如今，這家公司是價值導向醫療產業的市場領導者。雅特・格拉斯哥告訴我：「市場開始轉變。我第一次覺得，公司的銷售計畫真的有可能實現。我或許真的必須設定一些目標，以考驗團隊的能力。」

我撰寫本文時，Lumeris 已經與美國 18 個州的醫療支付者、服務集團和醫療體系建立合作關係，這攸關了 100 萬人的健康狀況。其中的潛力驚人無比。如果 Lumeris 的密蘇里州模式可以在全美實行，每年可以藉由減少浪費，省下 8,000 億美元的醫療費用。最重要的是，這可以拯救許多美國人，並且提高他們的生活品質。

現今的 Lumeris 公司中，OKR 已完全融入運作。安德魯・柯爾可能會表示，一旦員工體驗過表層以下的新公司，就無法抗拒一再深入的誘惑。

第 20 章
文化變革：U2 波諾與 ONE 反貧運動的故事

波諾（Bono）
共同創辦人

上一章我們看到了，OKR 如何協助組織改變文化，並且鞏固新文化。本章中，波諾的故事則顯示，結構化目標設定方法，也可以促成有益的文化變革。

近 20 年來，世上最偉大的搖滾巨星波諾，致力進行「規模擴及全球的反冷漠實驗」。他第一項「無畏艱難的大目標」，源自千禧年全球免債運動（Jubilee 2000），讓全球最窮的一批國家，獲得 1,000 億美元的債務減免。兩年後，波諾接受比爾與梅琳達蓋茲基金會提供的創業資助，與夥伴共同創辦了 DATA（Debt, AIDS, Trade, Africa；債務、愛滋病、貿易、非洲），這是一家致力於改變公共政策的全球倡議組織。DATA 公開宣稱的使命是，與政府機構和其他跨國非政府組織合作，處理非洲的貧困、疾病和發展問題。（比爾・蓋茲會說，這是他歷來花得最好的一筆錢。）2004 年，波諾發起 ONE 反貧運動（ONE Campaign），促成一個無黨派的基層行動聯盟，著力於面向外界，與 DATA 相輔相成。

我和波諾初次見面時，十分驚訝於他對基於事實的行動主義充滿熱忱。ONE 反貧運動著重腳踏實地、重視分析，並且以結果導向，因此 OKR 很快便贏得支持。過去十年來，OKR 協助釐清這個組織的優先要務。當你的使命是改變世界，想要釐清優先要務實在是非常困難。前執行長大衛・藍恩（David Lane）表示：「我們需要一套有紀律的流程序，防止我們試圖什麼都做。」

ONE 反貧運動的成長過程，仰賴 OKR 成就根本的文化變革。它正由致力於非洲問題，轉向深耕當地與非洲國家合作。大衛對我說：「人們對於該如何協助開發中國家自我發展、賦予他們自行成長的力量，想法已經出現極大的變化。OKR 對我們做這件事，起了關鍵的作用。」

為了改善世上最脆弱的國家人民的生活，ONE 反貧運動也協助籌資 500 億美元，投入歷史性衛生行動。此外，組織也成功遊說當局，擬定透明規則以對抗貪腐，並將非洲的石油和天然氣收入，導向對抗赤貧的運動。2005 年，波諾和比爾與梅琳・達蓋茲，共同獲選為《時代》雜誌的年度風雲人物。

“波諾表示……

我們打從一開始，就替 U2 設定了一些大目標。（你可以說，自大狂很早便介入了。）那時，Edge 已經是造詣相當高的吉他手，Larry 是不錯的鼓手，但我唱歌不行，而 Adam 完全不會彈貝斯。於是我們這麼想：我們沒有其他樂團那麼好，所以最好努力求進步。

我們的造詣比不上我們會去看表演的樂團，但我們聚在一起有化學反應，反正就是會產生一些神奇的東西。我們自認如果沒有自我毀滅，便將轟動世界。我們也自以為可以克服所有障礙。其他樂團什麼都不缺，但我們有神奇的化學反應。當時，我們一再對自己這麼說。

U2 的 360 巡迴演唱會，攝於 2009 年。

我們如何衡量績效？起初，我們反省自己在世界上的地位，但是沒有把流行音樂排行榜或表演場地納入衡量標準。我們想的是：我們的音樂有用嗎？藝術可以激發政治變革嗎？ 1979 年，我們才 18 歲時，最早的工作之一，是一場反種族隔離表演。另一項工作，則是一場支持避孕的演出，這在愛爾蘭可是件大事。到我們 20 歲出頭，我們刻意成為愛爾蘭恐怖組織討厭的人，那些對於恐怖組織感覺矛盾的人，也會討厭我們。我們覺得自己一定要站出來說，無論如何，炸死超市裡的小孩不可能是對的。我們根據向我們宣洩怒氣的人數，衡量我們的政治影響力。

然後到了某個時候，你開始希望自己的歌上排行榜。為了打入主流市場，我們真的很努力。我們的現場演出很轟動，但單曲表現不是很好。我們因此以演唱會票房衡量自己的成就，然後才是以唱片銷量為標準。

選擇自己的戰場

我們成立非營利組織 DATA 時，採用的做法和我在 U2 時完全一樣。DATA 有如一支樂團，成員有露西・馬修（Lucy Matthew）、鮑比・史瑞佛（Bobby Shriver）、傑米・德拉蒙（Jamie Drummond）和我本人。我們不知道誰是歌手，誰是貝斯手、鼓手或吉他手。但我們知道，我們不是一群嬉皮，或一廂情願的思考者。我們比較像龐克搖滾團體。我們是意志堅強的機會主義者。我們當年一心要做一件事：

替最窮的一些國家，爭取債務減免。我們做得很好，每次選擇一座戰場，然後非常積極展開工作。

接著，我們設定了另一項明確的目標：所有愛滋病人都可以得到有效的藥物。我必須說，許多人真的當面笑我們：「你們的小腦袋瘋掉了，那是不可能的。如果你們可以選擇對抗瘧疾或河盲症，又或者根除小兒麻痺症，為什麼要選擇對抗世上治療成本最昂貴的疾病？」

我記得自己當時是這麼回應的：「我們選擇對抗這種疾病，是因為這兩顆藥（現在是一顆）明確反映了嚴重的不平等。如果你住在都柏林或加州帕羅奧多，便可以得到這些藥。如果你住在非洲國家馬拉威首都里朗威，就不能得到這些藥。因此，經度和緯度上的意外結果，決定了你的生死，這感覺很不對。」

無論如何，我確定我們可以在辯論中勝出，因為人人都知道，這種不平等是不對的，就是這麼簡單。那時距離我們使用 OKR 還有很多年，但我就已經常說：「想像聖母峰，描述爬上山頂有多困難，然後說明我們將如何攻頂。」一如聖母峰攻頂，打敗愛滋病看來幾乎是不可能的事。所以，首先你必須有能力描述自己要做的事，然後就可以著手去做。

現在來到 2017 年，有 2,100 萬人正接受抗愛滋病毒治療，如此成就相當驚人。過去 10 年間，愛滋病相關死亡案例減少 45％。兒童感染愛滋病毒的新案例，減少超過一半。此外，我們看來可望在 2020 年之前，杜絕母嬰傳染。

我認為有生之年內，將能見到沒有愛滋病的世界。

與 OKR 一起成長

我們的非政府組織團隊具有創業精神，我們於內部追蹤目標。但是，如果沒有流程，成就始終有限。一旦我們開始產生真正的影響，並且真正踏入某些領域，DATA 應該掌握更多數據，更多可衡量的流程，更多可衡量的結果。然後，我們召集 11 個不同的團體，組成 ONE 反貧運動背後的聯盟。我們有很多傑出人才，但問題是目標太多了。非洲的綠色革命、女童教育、能源貧困和全球暖化，我們什麼議題都接觸。

DATA 和 ONE 反貧運動，融合了兩種非常不同的文化，問題很棘手。我們認識到，自身不夠透明。如果你的目標沒有明確的指標，就會遇到工作重疊和不一致的問題，許多夥伴會對自己的工作感到困惑。有一段時間，我們的組織出現了真正的分裂。

事實是這樣的，我們從不認為自己渺小，總是考驗自身的能力。但我們的目標太巨大了，導致資源過於分散，讓很多人累壞了。OKR 救了我們，真的。ONE 反貧運動董事會主席湯姆・費斯頓（Tom Freston）看到 OKR 的價值，這套制度因此成為營運上的關鍵，發揮舉足輕重的作用。OKR 迫使我們清晰思考，並且達成共識，了解我們可以利用自身資源，達到哪些成就。OKR 提供了一個框架，支撐我們的熱情。你需要這個框架，因為如果沒有它，你的想法必然太抽象。OKR 的交通燈號系統，改變了我們的董事會議。這套制度強化了我們的策略、執行和結果，使我們成為對抗赤貧的強力武器。

軸心

約翰・杜爾參與 ONE 反貧運動首次董事會議時，問了一個簡單但深刻的問題：「我們替誰工作？誰是顧客？」

我們說：「約翰，我們替世上最窮、最脆弱的人工作。」然後約翰說：「如果是這樣，董事會有他們的代表嗎？」

我們說：「當然，這裡所有人都是他們的代表。」

但是，約翰堅持追問（這很重要）：「你可以想像那個人嗎？我們不是應該考慮，真正請一名受助者代表，參加董事會議嗎？」

這種想法播下種子，最終改變了 ONE 反貧運動這個組織。約翰刺激我們思考的話，與我們在巴黎遇過的一個人相呼應，他來自塞內加爾。他說：「波諾，你聽過這句塞內加爾句諺語嗎？『如果你想剪某人的頭髮，他最好就在這裡。』」他說話的方式很可親，但我們沒有忽略當中的訊息：如果你以為你知道我們想要什麼，請小心，因為我們知道自己想要什麼。你不是非洲人，而且這種救世主情結表現的結果，並非總是那麼好。

2002 年，在非洲東南部，我看到感染愛滋病毒的人排隊等死。我與許多關注愛滋病的行動者，大力宣傳這種疾病的傳染規模，以及造成的破壞。我敦促組織裡每一個人，每次說到「愛滋」這個詞時，一定要加上「緊急情況」這四個字：愛滋病緊急情況。但是，到了 2009 年，我們遇到反彈。一些相對富有的非洲人，反對我們宣傳防治愛滋病的方式，雖然我們是對的。經濟學家丹碧莎・莫尤（Dambisa Moyo）寫了《致命援助》（*Dead Aid*）這本書，成為下列思想的領導者：「省下你們的援助，我們不需要。這種援助弊大於利。我們正努力重新定位非洲，希望它成為投資、生活和工作的好地方，而你們正破壞我們的努力。」

我看到 ONE 反貧運動的信譽，因此受到威脅。我們之前的關注焦點，在於北半球國家的政府，因為華盛頓、倫敦和柏林的決定，對世上許多最窮困的國家有重大影響。傑米和其他行動派朋友，例如約翰・吉桑各（John Githongo）、歐莉・歐克蘿（Ory Okolloh）和拉凱許・古拉納（Rakesh Rajani）身處前線，對我們提出了相同的提醒，非洲的前途必須由非洲人決定。我們將自己的組織稱為「一」，但我們其實只是一半，需要另一半的人支持，才能解決我們關注的問題。北半球的人不需要南半球的人充分合作，就能終結赤貧，這種想法相當不切實際。

ONE 反貧運動致力於組織和文化變革。即使是現在，我們仍努力加強與非洲各界領導人之間的合作，包括基層、高層和中階的領導人。我們已經在約翰尼斯堡建立一個辦事處，它的規模日漸擴大，而且在非洲各地也有駐點。OKR使我們集中注意，組織必須執行的具體改變。例如，在非洲聘請員工，擴大董事會，重新聯繫千禧年免債運動的舊夥伴，以及找出可以尋求意見的新網絡。我想，我們現在更懂得聆聽。如果沒有目標與關鍵結果，我們做不到這一切。

目標

將廣泛的非洲觀點，積極融入 ONE 反貧運動的工作。進一步協調工作，以配合非洲人的優先要務，分享、利用 ONE 反貧運動的政治資本，成就與非洲有關的具體政策變革。

關鍵結果

1. 聘請三名駐非洲的員工，4 月之前到職；7 月之前核准兩位非洲董事。
2. 7 月之前成立非洲顧問委員會，12 月之前開會兩次。
3. 與至少 10 至 15 名，經常主動質疑、指導 ONE 反貧運動政策立場和外部工作的非洲思想領導人，充分建立關係。
4. 在 2020 年完成 4 次非洲參與行程。

衡量你的熱情

蘇丹商人暨慈善家莫・伊布拉欣（Mo Ibrahim）加入我們的董事會，促成了許多轉變。在非洲，他是非常值得敬重、真正的搖滾巨星。他和女兒哈迪兒（Hadeel Ibrahim）給了我們有關非洲的思想刺激，這正是我們欠缺的。收聽對有力的頻道，真的很有必要。我們相識之前，莫對我們某些目標非常反感，而且言之有理。他引導我們以公開透明為核心目標，不僅在非洲，歐洲和美洲也不例外。我們做了一些研究，發現貪腐導致開發中國家每年損失一兆美元。莫告訴我們：「這問題比愛滋病更重要，解決這問題可以救更多人。」

在非洲人民簇擁下，ONE 反貧運動的工作已經取得進展。我們與「付款公開」（Publish What you Pay）這個組織攜手遊說，結果，如今在紐約證交所掛牌或歐盟的公司，如果隱瞞它們為採礦權支付的費用，都是違法的。接著，有非洲比爾・蓋茲之稱的阿里科・丹格特（Aliko Dangote），去年加入了我們的董事會。

這一切都很好，但我們也必須誠實面對事實。舉例來說，截至 2017 年 12 月，ONE 反貧運動有 890 萬名成員。他們在網站上登記了資料，又或者曾參與至少一項行動。（其中超過 300 萬人現在人在非洲。）我可以想像比爾・蓋茲翻白眼，然後說：「真了不起。但登記者不是成員，他們只是登記了資料而已。」無庸置疑，他說得對。但這引導我們思考一個問題：該如何衡量成員的投入程度？無論我們採用什麼指標，這項數字是停滯的，還是有機會成長？我們必須證明，我們可以讓登記者成為成員，然後成為行動者，再成為促成變化的變革者。因此，我們設法答謝和獎勵，參與超過一項行動的成員。發起成員淹沒某些美國參議員和眾議員的選區，使他們感到緊張。例如，如果你問德州共和黨籍眾議員凱・格蘭傑（Kay Granger），她很可能以為到處都有穿著 ONE 反貧運動 T 恤的人，催促她對某些議題表明立場。但是，我們的成員並非無所不在；格蘭傑是我們的策略目標之一，而我們真的爭取到她的支持。

以前不曾有人衡量行動者的熱情。因為這主意聽起來很怪，但是它完全可以成為 OKR。如果你覺得自己很熱情，但你到底有多熱情？你的熱情促使你做了哪些事？現在如果

波諾將 ONE 反貧運動帶到奈及利亞達洛里（Dalori），
探訪國內流離失所者的營地，攝於 2016 年。

比爾·蓋茲在董事會議上，提出一些不易應付的問題，我們可以拿出我們的 OKR，然後說：「我們做了這些事，產生了這些影響。」

OKR 框架

OKR 是否有缺點？我想，如果你理解錯誤，一定會變得過於條理分明。ONE 反貧運動不能以制度為上；我們必須保持一定的破壞性。我總是擔心我們變得像一家公司，每一季都試圖超越目標。我們需要約翰來提醒我們：「如果所有目標都是綠燈，你們就失敗了。」對許多人來說，這實在違反直覺，尤其我們現在不缺資金，又有最好的人才替我們工作。但是，約翰一再告訴我們：「你們需要更多紅燈！」他是對的。我們需要更多偉大的抱負，因為我們擅長做大事，不大擅長追求小進步。

ONE 反貧運動不是靠我們的熱情支撐，而我們也不是靠著義憤支撐自己。支撐我們的基礎，是建立在某些原則上，有牆和地板，也有 OKR 提供的思考框架。我們真的非常、非常感謝 OKR 帶來的這種貢獻。實現變革需要嚴謹的思考，需要非常認真的策略。如果心和腦無法完美配合，你的熱情便毫無意義。OKR 框架將培養出一種狂熱，一種化學作用。它賦予我們鼓勵冒險和互信的環境，可以安全做自己的環境，失敗不會成為解雇的理由。如果你具備這種框架和環境，以及適當的人才，應該就會有神奇的力量。

事情就是這樣，Edge 一開始就是非常有才華的吉他手，但我不是好歌手，Adam 不是好貝斯手，Larry 剛學會打鼓。但我們有我們的目標，也大概知道如何達成目標。我們想成為世界上最好的樂團。”

第 21 章
未來的目標

目標是我前進的動力。

——拳王阿里

點子不值錢，執行才是關鍵。

讀到這裡，你已經看到 OKR 和 CFR，如何幫助類型、規模不一的各種組織，達成不可能的任務。已經聽過它們的負責人，親自講述 OKR 如何激勵員工、培養領導人，以及凝聚團隊做一些了不起的事。藉由衡量真正重要的事，目標與關鍵結果幫助波諾和蓋茲基金會，動員人力物力，對抗非洲的貧窮和疾病；推動 Google，勇敢追求十倍的進步，使所有人都能自由獲取資訊；協助 Zume 的披薩專家，將新鮮、熱騰騰的「機械化匠人披薩」送到家裡。

令人興奮的是，我認為一切才剛開始。

OKR 可以說是一套工具、規則或流程，但我喜歡稱它為發射台，是新一波創業者（包括企業內部的創業者）的起點。我夢想看到安迪．葛洛夫創造的這套東西，改變生活的各方面。我相信 OKR 可以大幅影響經濟成長、醫療成果、教育成就、政府表現、企業績效和社會進步。由於某些思想前衛的領導人，我們約略看到了這樣的未來。奧利・佛里曼（Orly Friedman）正是其中之一。他在加州山景城的可汗實驗小學（Khan Lab School），讓每一名小學生試行 OKR。（想像一下你才五、六歲，在學習閱讀和推論的過程中，設定自己的學習目標，也就是你自己的目標與關鍵結果！）

我確信，如果我們發揮想像力，嚴謹且廣泛應用結構化目標設定和持續溝通方法，社會各領域的生產力和創新，都將得以大幅增加。

OKR 的潛力如此巨大，是因為它可以靈活適應各種環境。OKR 沒有教條，沒有單一的正確使用方式。 各種組織在生命週期的不同階段，需求各有不同。對某些組織來說，光是令目標公開透明，就已經是向前邁出一大步。對另一些組織來說，採用季度規劃制度，就能造就根本的改變。你必須找到自己的重點，並且使 OKR 成為自己的工具。

本書提供了一些 OKR 和 CFR 的幕後故事。然而，數以千計的故事才剛開始，或是還沒人講出來。未來我們將在 whatmatters.com 延續這種對話，請來找我們，或是寫電子郵件給我（john@whatmatters.com），加入相關討論。

我的終極 OKR 非常考驗我的能力，我希望賦予人們力量，攜手達成看似不可能的目標。我希望創造持久的文化，助人成功並找到意義。我希望為真正重要的所有目標（尤其是你的目標），提供大量的好主意。

獻辭

向最偉大的「教練」致敬

本書獻給兩位非凡人物，他們在 2016 年短短四週內，相繼離開了我們，都走得太早了。安迪・葛洛夫是 OKR 的傑出創造者，本書相當具體記載了他的事跡。至於「教練」比爾・坎貝爾（“Coach” Bill Campbell）的智慧，本書僅簡略提及。因此，我想借這個機會讚頌比爾，因為他為不少人付出了很多。從他坦誠開放溝通的天賦，到他對數據導向卓越營運的熱誠，教練體現了 OKR 的根本精神。因此，本書以他的事跡作結，真的再合適不過。

2016 年 4 月，加州阿瑟頓某個明媚的早上，比爾的喪禮在聖心運動場舉行。他在這裡度過無數個週末，教導八年級學生玩奪旗式美式足球或壘球。比爾的安息彌撒需要撐起大帳篷，因為出席者超過 3000 人，包括賴瑞・佩吉和傑夫・貝佐斯，以及跟他打過球的多個世代（曾經的）年輕人。比爾生前總是非常熱情擁抱我們每一個人，並且無私指導我們。我們都認為，比爾是我們最好的朋友。他度過了偉大的一生。

比爾的父親白天是體育老師，晚上在賓州荷母斯特鎮的鋼鐵廠工作。1970 年代，比爾在深愛的母校哥倫比亞大學教美式足球隊，因此得到「教練」的暱稱。* 但他的「教練」名號真正廣為人知，是他捨棄球場，轉投競爭更激烈的另一個領域之後，也就是矽谷的董事會和管理高層。他是世界級的傾聽者、名人堂級別的導師，是我遇過最有智慧的人。他雄心勃勃、充滿愛心、負責、公開透明與充滿人味的性格，奠定了 Google（和數十家其他公司）現今的文化。

一如肯恩・歐來塔（Ken Auletta）在《紐約客》（*The New Yorker*）寫道：「在世界工程之都，收入有時似乎與社交技能成反向關係，坎貝爾是教導企業創辦人，不要只懂得盯著電腦螢幕的人……他的訃聞並未出現在多數報紙的頭版，或多數科技新聞網站的顯眼位置，但他理應得到這種待遇。」[1]

我與比爾於 1980 年代末相識，當時我正為 GO Corporation 招聘執行長。這家公司製造用筆的平板電腦，是我投資失敗最有名的案例之一。（比爾曾開玩笑，說我們應該將這家公司稱為「GO, Going, Gone」，意思是「前進，

---

* 1961 年，比爾以隊長身分帶領哥大美式足球隊，奪得校史上唯一一次常春藤聯盟冠軍。當年，他體重達165磅（約74.5公斤），是非常強壯的線衛。半個世紀後，他成為哥倫比亞大學董事會主席。

前進中，完全消逝」。）推薦他的人包括矽谷頂尖獵頭業者黛博拉・拉達波（Debra Radabaugh），以及比爾在蘋果電腦的行銷主管、被我招攬到凱鵬華盈的弗洛依德・克凡美（Floyd Kvamme）。我探訪比爾在蘋果軟體子公司 Claris 的團隊，隨即決定聘請他。我通常很快就能決定，是否要與一名創業者共事，但是要說服他們和我共事，則可能需要多一點時間。Claris 有極佳的團隊精神，團隊成員都非常敬重比爾，我當場就認定他是我要的人。

後來蘋果和約翰・史考利（John Sculley）拒絕藉由首次公開募股（IPO）分拆 Claris，比爾認為公司答應他的事沒實現，因此接受了 GO 的工作。雖然我們的商業模式失敗了，共事的時光依然非常美好。比爾上任之前，GO 執行團隊每次要表決要事時，一定會因為策略相異而激烈爭吵，非得分出輸贏，並普遍製造出負面的感覺。比爾成為執行長之後，一切都改變了。他與每一名主管坐下來聊天，問他們家裡情況如何，再以他通俗的方式講一、兩個故事，然後他就逐漸知道，這些主管對當前問題有何感想。他有一種神奇的方法，可以使主管走進會議室之前就達成共識。因此，GO 很快就不必為了要事表決。對比爾來說，重要的總是團隊和公司。他沒有私人動機或意圖，總是將公司的使命放在首位。

比爾是領導大師，培養出許多傑出領袖。他在 GO 的五名直屬部屬，後來相繼創業，成為公司的執行長或業務總監。(我出資支持他們每一個人，最後全都賺錢。)比爾教了我們很多東西，其一是團隊的尊嚴很重要，尤其是在公司失敗的時候。GO 賣給 AT&T 之後，我們確保被裁員的人，全都拿到很好的推薦函，找到很好的地方延續他們的事業。

1994 年，我把比爾帶回凱鵬華盈，擔任「駐公司顧問」，他的辦公室位於角落，就在我隔壁。我承諾要找另一家公司給他經營。差不多就在這時候，Intuit 創始人史考特・庫克(Scott Cook)決定要請一名執行長。我介紹比爾給史考特，他們在比爾位於帕羅奧多的住家附近散步了一會，「教練」就得到了這份工作。比爾和史考特建立了一段

比爾・坎貝爾和他指導企業主管時愛喝的招牌飲料，合影於 2010 年。

非常好的關係，和一家非常好的公司。

比爾在 Intuit 工作了四年，上任後不久就面臨一場危機。公司營收很差，導致季度業績不如市場預期。公司董事會著眼長線，但有點不切實際，他們希望投入更多資本以度過難關。董事會在拉斯維加斯某飯店開會時，比爾不同意增加投資。他說：「少廢話。我們將削減成本，裁掉一些人。我們將變得精實一點，因為我們必須達成業績目標。這是我想要的紀律和文化的一部分。」比爾強烈希望創造好成績，這是為了股東，也為了團隊和顧客。

但是，會議室裡愈來愈多董事，表態支持增加投資。比爾看來愈來愈心煩。到我表態時，我說：「各位，我認為我們應該支持教練。」我不確定他的主張是對或錯的，但我認為應該由他決定怎麼做。我的立場扭轉了局勢。後來比爾告訴我，我的表態對他意義重大，如果董事會當時決定增加投資，他可能就會辭職。

從那時起，我們之間的關係就變得牢不可破。我們可能會發生爭執，互相說一些相當難聽的話，但第二天總是有一個人主動向對方道歉。我們都明白，我們對彼此關係和團隊的忠誠，足以蓋過任何歧見。

我請比爾擔任 Netscape 董事時，他還在 Intuit 工作。不過，我每次支持某家新創公司，總是先尋求他的協助。這成為我們的標準作業模式：凱鵬華盈投資，杜爾支持，杜爾找坎貝爾，坎貝爾教導經營團隊。我們一次又一次這麼操作。

1997 年，賈伯斯回到蘋果，不花一毛錢就接手經營這家公司，創造了上市公司非敵意接管史上最奇特的案例。史蒂夫只留下一名董事，要求其他董事辭職，然後邀請比爾・坎貝爾加入新董事會。比爾拒絕接受酬勞，因為他認為矽谷給了他那麼多，他必須有所回饋。數家公司說服他接受股票，於是，他將這些資產轉移給自己設立的慈善組織。

2001 年，我說服 Google 兩位創辦人，聘請艾瑞克・施密特出任執行長之後，建議艾瑞克聘請比爾當他的教練。艾瑞克那時已經做過 Novell 的執行長和董事長，自豪得有道理，我的建議因此冒犯了他。他說：「我知道自己在做什麼。」因此，他與比爾並非一見鍾情。但是，不到一年，艾瑞克的自我評估顯示，他的看法完全改變了：「比爾・坎貝爾對我們所有人的指導非常有用。事後看來，我們一開始就需要他的幫忙。我應該更早鼓勵這種安排，最好是從我進 Google 時就開始。」[2]

比爾認為他在 Google 的任務是開放的。他指導賴瑞・佩吉和賽吉・布林，指導蘇珊・沃西基和雪莉・桑德伯格，指導 Google 整個執行團隊。他以自己獨有的方式做這件事：一半是禪理，一半是百威啤酒（Bud Light）。比爾極少指明方向，也很少問問題。但是他真的提問時，總是能問對問題。他大部分時間都在傾聽。他知道商業上多數情況，通常有幾個正確的答案，而領導人的工作就是從中選一個。他會說：「就做個決定吧。」又或者：「你是否正在前進？你是否正在捨棄某些關係？我們繼續前進吧。」

至於 Google 的 OKR，比爾最關心那些比較平凡、必須達成的目標。（他喜歡講的一句話，帶著他典型的風趣：「你必須令他 X 的火車保持準時。」）Google 執行長桑德爾・皮蔡表示：「他日復一日關心公司營運是否出色。」這一切可以追溯到比爾那句格言：「每天都做好一點。」這句話聽起來似乎很謙遜，但沒有什麼比這更困難又更令人滿足了。

Google 每週一的執行團隊會議上，教練是影響力最大的人，可以說是非正式的董事會主席。同時，他也是蘋果公司的首席外部董事。無論是誰，這種情況都可能出現利益衝突。所以史蒂夫・賈伯斯對此非常介意，尤其是在 Google 推出 Android 挑戰 iPhone 之後。史蒂夫一再要求比爾選擇蘋果、離開 Google，但教練拒絕：「史蒂夫，我並沒有幫助 Google 發展他們的技術。我連 HTML 都拼不出來。我只是幫助他們，每天都成為一家更好的公司。」史蒂夫堅持己見，此時教練說：「不要逼我選擇，你不會喜歡我的選擇的。」史蒂夫才因此讓步，因為教練是他真正的知己。（艾瑞克・施密特對《富比世》雜誌表示，比爾「令史蒂夫・賈伯斯持續前進」。比爾是史蒂夫的「導師和朋友，是保護者和靈感來源；史蒂夫最信任的人就是他。」）[3]

雖然教練比他自己所講的更懂技術，但他從不對工程師或產品開發者指指點點。他傑出的見解著重在領導方面，有關如何令經營團隊和員工達成高績效工作，以及如何保護員工免遭流程擺布。當他看到有人受到不公平的對待，會拿起電話打給執行長：「這是流程錯誤。」他會解決看到的問題。

很多人認為不該將愛帶進商業環境，但愛是比爾最突出的特質。我還記得他每次走進 Intuit 的會議室，所有人臉上都亮了起來。有時候他是假裝侮辱你，來表達他的愛。（如果你穿了一件難看的毛衣去上班，他會說：「你是在廁所裡痛毆某個傢伙，然後拿到這件東西嗎？」）但你總是知道教練關心你；你總是知道他支持你；你總是知道他一心為團隊著想。少有領導人可以同時傳達愛，和無畏的回饋。比爾・坎貝爾是位嚴格的教練，但他總是支持自己指導的人。

教練比爾・坎貝爾，攝於 2013 年。

他的家庭生活比我們圈子裡多數人豐富。他教他女兒瑪姬（Maggie Campbell）和我女兒瑪麗（Mary Doerr）打壘球時，絕對是他最開心的時候。他總是在下午三點二十分，準時出現在球場，無論那時是否有某家公司要開重要會議。此外，你絕不會看到教練在第六局分心看手機。他的身心完全在場，那種場合讓他「閃閃發光」。

比爾生病後也不曾停止指導，我決定出任凱鵬華盈董事長，他的意見也起了重要作用。因為我的女兒都上了大學，正是接受新挑戰的好時機。教練知道我不會放慢手腳，或接受不需要做事的高層職位。我當董事長，是為了我熱愛的工作，尋找最好的創業者並出資支持，在他們擴大業務規模的過程中，幫助他們建立出色的團隊。這是我成為新一代領導人的球員兼教練的好機會，而我是以比爾為榜樣。

他去世前幾個月，曾和我的凱鵬華盈夥伴藍迪・高米沙（Randy Komisar）一起做了一次 Podcast，教練在節目中說自己「總是希望幫忙解決問題……在我們所做的事情中，人的因素最重要，我們必須努力使他們變得更好。」[4]

比爾走了，但他多年來教過數百名企業高層主管，他的弟子將延續他的工作。我們仍致力於每天都進步一點。

我想念你，教練。我們都想念你。

約翰・杜爾

2018 年 4 月

附錄 1

Google 的 OKR 攻略

講到執行 OKR 的集體經驗，Google 是最豐富的。隨著公司的規模不斷擴大，他們會定期發布 OKR 指南和範本。下列內容主要摘錄自 Google 的內部資料，並且經該公司授權轉載。（請注意：這是 Google 執行 OKR 的方式。你的方法可能不同，也應該不同。）

在 Google，我們喜歡胸懷大志。我們利用一種名為目標與關鍵結果（OKR）的流程，幫助我們溝通、衡量和實現那些崇高的目標。

我們的行動決定 Google 的未來。正如我們在搜尋、Chrome 和 Android 等產品中，一再看到公司撥出幾個百分點的人力，組成一支團隊，為某項雄心勃勃的目標齊心協力，不到兩年就可以改變一個完整成熟的產業。因此，作為 Google 的員工和主管，我們分配自己的時間和精力時，必須有所自覺，做出審慎和以情報為依據的決定。這些原則無論是作為個人還是團隊成員，都應該如出一轍。OKR 展現出這些審慎的抉擇，也反映我們將如何協調每個人的行動，以達成重大的集體目標。

我們利用 OKR 規劃未來的產出、追蹤工作進度，以及協調員工與團隊之間的優先要務和里程碑。我們也利用 OKR，幫助員工持續聚焦於最重要的目標，幫助面對緊急但比較不重要的目標時，不會因此而分心。

OKR 追求重大而非微小的成就，而且我們並不期望達成所有目標。(如果我們達成所有目標，表示設定目標時一定不夠進取。）我們以顏色標示結果：

0.0 ～ 0.3 分為紅色

0.4 ～ 0.6 分為黃色

0.7 ～ 1.0 分為綠色

編寫有效的 OKR

OKR 執行或管理不當將浪費大把時間，形成空洞的管理姿態。OKR 執行得當，則是有效的管理工具，可以激勵員工，有助各團隊釐清哪些事情重要、什麼事情應該優先處理，以及日常工作應該做哪些折中。

編寫出色的 OKR 並不容易，但也並非不可能。請注意下列幾項簡單規則：

目標代表「什麼」（Whats），應該要：

- 表達目標與意圖；
- 是進取但可行的；
- 必須實在、客觀且明確；對理性的觀察者來說，目標是否已達成應該是顯而易見的。
- 成功達成的目標必須為 Google 提供明確的價值。

關鍵結果代表「如何」（Hows），應該要：

- 表達可衡量的里程碑，一旦實現將有利於達成目標；
- 必須描述結果而非活動。如果關鍵結果陳述含有「諮詢」、「幫助」、「分析」或「參與」等詞，那是在描述活動。你應該描述這些活動最終造成的作用，例如：「3 月 7 日前，公佈六個 Colossus cell 的平均和極端延遲情況」，而非「評估 Colossus 的延遲情況」；
- 必須含有完成工作的證據。這種證據必須可取得、可信和容易發現，例如變化清單、文件連結、筆記，以及已公布的指標報告。

跨團隊 OKR

Google 許多重要專案，需要來自多支不同團隊的貢獻，此時非常適合用 OKR，協調跨團隊的工作。跨團隊 OKR 應該納入必須實質參與工作的所有團隊，而每一支團隊應該達成的貢獻，也得明確列在這些團隊的 OKR 中。例如，某項新廣告服務若需要廣告開發、廣告網站工程和網路團隊的支持，且三支團隊都應該有 OKR，載明他們必須為這項專案提供的貢獻。

決心達成的 OKR vs. 理想型 OKR

OKR 有兩類，區分它們非常重要。

決心達成的 OKR 是我們同意要達成的，我們願意調整時間表和資源分配，確保這些目標可以實現。

- OKR 如果是決定達成的，期望分數為 1.0；實際分數若低於 1.0，負責人必須提出解釋，因為這代表這項 OKR 在規劃或執行上出現了錯誤。

相對之下，理想型 OKR 則反映我們希望世界變成什麼樣子，即使我們不是很確定如何達成目標，也可能沒有達成目標所需要的資源。

- 理想型 OKR 的期望分數為 0.7，實際分數差異相當大。

編寫 OKR 的典型錯誤和陷阱

陷阱 1：未能區分決心達成的 OKR 與理想型 OKR。

- 將決心達成的 OKR 當成理想型 OKR，會提高失敗的可能。各團隊可能不會認真對待這種被錯誤歸類的 OKR，因此不會改變工作安排，將這種 OKR 當作優先要務。
- 另一方面，將理想型 OKR 當成決心達成的 OKR，則會讓找不到方法實現目標的團隊出現防禦心態，而且可能擾亂工作安排，導致某些決心達成的 OKR 被迫削減人手。

陷阱 2：一切如常的 OKR。

- 編寫 OKR 時，往往主要基於團隊認為，它在完全不改變現行工作安排的情況下，可以達成什麼目標，而不是基於團隊或顧客真正想要什麼。

陷阱 3：畏縮的理想型 OKR。

- 編寫理想型 OKR 時很常出現的一種情況，是從現況出發，然後實際上思考：「如果我們有額外的人手，而且有點運氣，我們可以做到什麼事？」比較好的另一種做法，是以這個問題為出發點：「如果我們擺脫多數限制，數年之後我（或顧客）的世界將是什麼模樣？」你首次編寫 OKR 時，必然不知道如何達致這種理想狀態，所以它才會是理想型 OKR。但是，如果你並未理解或釐清，這種理想的最終狀態，必定無法達成目標。

- 試金石：如果你問顧客真正想要什麼，你的理想型目標能否滿足或超越他們的期望？

陷阱 4：不思進取。

- 團隊決心達成的 OKR，應當占用團隊大部分可用資源（並非全部）。決心達成的 OKR，加上理想型 OKR，則應當占用團隊全部的可用資源，而且還需要額外投入一些資源。（否則就是實際上沒有理想型 OKR。）
- 團隊如果不必動用全部人力／資本就能達成全部 OKR，會被假定為囤積資源，要不然就是並未敦促團隊成員努力工作，或兼而有之。這是一種線索，管理高層可能因此將一些人手或資源，轉移到能更有效利用它們的地方。

陷阱 5：低價值目標（亦稱「誰在乎」的 OKR）。

- OKR 必須有望創造明確的商業價值，否則沒有理由為此耗費資源。低價值目標就是那種即使百分百達成，也不會有人注意到或在乎的目標。

- 低價值目標其中一種典型（和誘人的）例子：「提高 task CPU 使用率 3 %」。這目標本身對用戶或 Google，都沒有直接幫助。但是，目標可以改為：「降低處理尖峰搜尋所需要的 CPU 核心數目 3%，並保持品質和速度不變，釋出過剩的 CPU 核心作其他用途。」後者有明確的經濟價值，顯然比較好。
- 試金石：這項 OKR 是否可以在合理情況下百分百達成，但對最終用戶沒有直接的好處（或未能提供經濟價值）？若是，請修改 OKR，著眼於實質利益。「推出 X」是個典型例子，沒有提出成功的標準。較好的目標是：「藉由超過 90 % 的 borg cells 推出 X，令 fleet-wide Y 倍增。」

陷阱 6：關鍵結果不足。

- OKR 分為兩部分：渴望的結果（目標）和實現該結果所需要的可衡量步驟（關鍵結果）。編寫關鍵結果時，務必做到一件事：每一項關鍵結果都百分百達成，目標也就百分百達成。
- 常見的一種錯誤是寫下必要的關鍵結果，但這些結果加起來不足以達成目標。這種錯誤相當誘人，因為團隊可以藉此避免，因為要達成「困難的」關鍵結果，而必須在資源／工作安排／風險承擔方面做出艱難的承諾。

- 這項陷阱特別有害，因為它造成雙重耽誤：耽誤了發現這項目標的資源要求，也耽誤了發現目標將無法如期完成的時間。
- 試金石：所有關鍵結果都百分百達成，但目標仍無法真正實現，這種情況是否頗有可能發生？若是，請增加或修改關鍵結果，直到它們全都達成，就能確保目標可以達成。

閱讀、理解和執行 OKR

關於決心達成的 OKR

- 公司期望各團隊重新安排其他的優先要務，以確保決心達成的 OKR 百分百達成。
- 團隊如果無法可靠承諾，將百分百達成某項決心達成的 OKR，必須迅速向上級報告。請注意，在這種（常見）的情況下，向上級報告不但沒問題，還是必須的。無論問題在於不同意 OKR、不同意其緊急程度，或無法投入足夠的時間／人手／資源，向上級報告都是好事。負責團隊的管理層，因此得以研擬解決方案和化解衝突。

結果，每一組新的 OKR，都很可能涉及必須向上級報告某些問題，因爲它要求員工改變既有的工作安排。如果 OKR 不需要改變任何團隊的活動，它就是那種一切如常的 OKR，而這種 OKR 不大可能是新的，雖然或許之前不曾有人將它寫下來。

- 決心達成的 OKR，若無法在期限之內百分百達成，那就需要事後檢討。這不是為了懲罰相關團隊，而是為了釐清規劃和執行過程中發生了什麼事，以便各團隊增強能力，可靠地百分百實現決心達成的 OKR。
- 決心達成的 OKR 有多種類型，例子包括確保某項服務的季度表現，符合服務層級協議（SLA）；在某個日期之前，替某套基礎設施系統增添某項功能，或改善某方面的表現；以某水準的成本製造，和交付某數量的伺服器。

關於理想型的 OKR

- 已設定的所有理想型 OKR，必然是團隊無法在某一季內全部達成的。團隊完成必要的工作之後，成員分配時間時，應該考慮 OKR 的優先次序。一般而言，優先次序較高的 OKR 應該先完成。
- 理想型 OKR 及相關優先事項，應該留在團隊的 OKR 清單上直到完成，必要時可以一季接著一季延續下去。因為進度不佳而將理想型 OKR 剔出清單，是錯誤的做法。因為這掩蓋了持續存在的問題，例如團隊決定工作緩急或資源配置方面的決策有誤，或是反映當事人不夠了解問題／方案。

結果，如果另有團隊因爲能力和資源充裕，可以更有效地執行某組理想型 OKR，將 OKR 轉交給對方是好事。

- 公司期望團隊主管評估，達成理想型 OKR 需要哪些資源，並且於每一季要求公司，必須提供這些資源（這是主管必須履行的職責：清楚反映業務需求）。但團隊主管不應期望得到所需要的全部資源，除非這項理想型 OKR，是公司除了決心達成的 OKR 之外最優先的。

更多試金石

下列一些簡單的測試，可以用來判斷你的 OKR 好不好：

- 如果你只花五分鐘就將它寫下來，這組 OKR 很可能不好，請再想想。
- 如果目標無法一行就寫完，它很可能不夠簡潔。
- 如果你的關鍵結果是以團隊內部術語表達（例如「推出 Foo 4.1」），那很可能是不好的。重要的不是推出，而是它產生的作用。Foo 4.1 為何重要？比較好的寫法如下：「推出 Foo 4.1 以提高登記率 25%。」或更簡潔：「提高登記率 25%。」

- 寫下真實的日期。如果每一項關鍵結果，都發生在一季的最後一天，你很可能沒有切實可行的計畫。
- 確保關鍵結果是可衡量的：一季結束時，必須可以客觀地替表現打分數。「改善登記率」這項關鍵結果並不好。比較好的寫法是：「5 月 1 日前，提高登記率 25%。」
- 確保指標是毫不含糊的。如果你說「100 萬名用戶」，那是歷來所有用戶還是七天活躍用戶？
- 如果寫下來的 OKR 並未涵蓋團隊的某些重要活動(或團隊努力當中顯著的一部分)，你應該增添一些 OKR。
- 大團體的 OKR 應該分層級，團隊整體的 OKR 屬於較高層級，各分隊 OKR 則是比較具體的。確保「水平」（horizontal）OKR（需要多支團隊參與）在每一支團隊中，都有支持目標的關鍵結果。

附錄 2

典型的 OKR 週期

假設你要設定公司、團隊和員工層級的 OKR。（規模較大的公司可能會有更多層級。）

季度開始前四到六週	**為公司的年度和第一季 OKR 進行腦力激盪** 領導高層為最高層級的公司 OKR 進行腦力激盪。設定第一季 OKR 時，也是設定年度計畫的時候。年度計畫有助引導公司的方向。
季度開始前兩週	**傳達未來一年和第一季的公司層級 OKR** 確定公司層級的 OKR，並且公開布達。
季度開始	**傳達團隊層面的第一季 OKR** 各團隊根據公司層級的 OKR，擬定團隊層級的 OKR，在團隊會議上公布。

季度開始後一週

個別員工公開第一季的 OKR

團隊 OKR 傳達一週之後，個別員工公開他們自身的 OKR。這可能涉及個別員工與主管之間的協商，通常經由一對一的會面完成。

員工追蹤進度並向主管報告

季中，員工衡量、公開進度，並且定期向主管報告。各員工不時評估，自己是否可以完全達成 OKR。如果無法完全達成，可能必須調整目標。

接近季末

員工回顧第一季 OKR，並替自己的表現打分

接近季末時，各員工替自己的 OKR 打分數，評估自己的表現，並檢討這一季的工作。

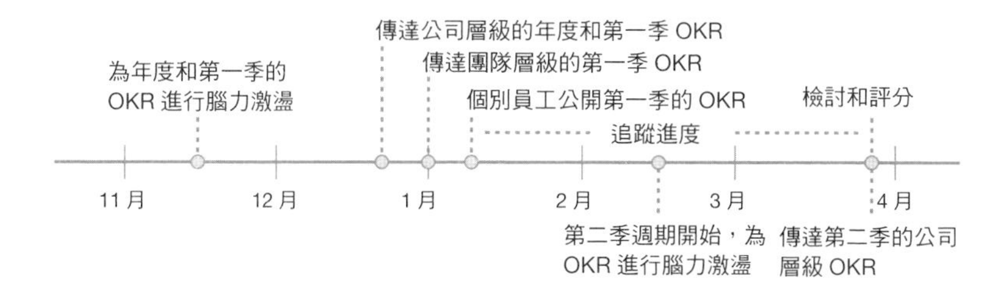

附錄 3

持續溝通：績效對話

持續性績效管理的流程，由兩部分交織組成。一、設定 OKR；二、配合具體需求，定期和持續對話。

深思和規劃目標

為了促進對話，主管或許可以詢問員工下列問題：

- 你打算專注於哪些 OKR，以便為你的職位、團隊和公司，創造最大的價值？
- 哪一組 OKR 與組織的關鍵計畫契合？

更新進度

為了打開話題，主管或許可以詢問下列問題：

- 你的 OKR 進展如何？
- 為了成功，你需要哪些關鍵能力？
- 有什麼東西阻止你實現目標嗎？
- 考慮到優先要務的變化，哪些 OKR 必須調整，又或者新增或刪減？

主管指導部屬

主管為此做準備時，應思考下列問題：

- 我希望這名部屬繼續展現哪些行為或價值觀？
- 我希望這名部屬開始或停止展現哪些行為或價值觀？
- 我如何指導這名部屬，幫助他充分發揮自身的潛力？
- 對話期間，主管可以問：
    1. 工作中哪一部分最令你興奮？
    2. 你希望改變自身角色的哪一部分（如果有的話）？

向上回饋

為了引出員工的坦誠意見，主管或許可以詢問：

- 你覺得從我這裡得到的東西，哪些是有用的？
- 你從我這裡得到的東西，有哪些妨礙你達成高績效工作？
- 我可以為你做什麼，幫助你更成功？

事業成長

為了解員工的事業抱負，主管或許可以詢問：

- 你希望發展哪些技術或能力，以改善你當前的工作？
- 你希望在哪些方面成長，以便達成你的事業目標？
- 你希望發展哪些技術或能力，以配合你未來的工作？
- 就學習、成長和發展而言，我和公司如何助你達成事業目標？

爲績效對話做好準備

與員工展開績效對話之前，必須做一些準備。具體而言，主管應該思考下列問題：

- 過去這段時間裡，這名員工的主要目標和責任為何？
- 這名員工表現如何？
- 如果這名員工表現不佳，應該如何改正？
- 如果這名員工表現出色或超出預期，我如何維持他的出色表現，同時防止他身心耗竭？
- 這名員工何時最投入工作？
- 這名員工何時最不投入工作？
- 這名員工將哪些優點帶到工作中？
- 什麼類型的學習體驗，可以嘉惠這名員工？
- 未來六個月，這名員工應該集中關注什麼？是滿足現在職位的期望？盡可能在現在的職位上提供最大的貢獻？還是為下一個機會做好準備，例如某項新專案、新增的職責還是新職位？

員工也該為績效對話做好準備。具體而言，可以自問：

- 我看來是否有望達成目標？
- 我是否已經辨明各方面的機會？
- 我是否明白我的工作，與較高層級的目標有什麼關係？
- 我可以為主管提供什麼回饋？

附錄 4
總結

OKR 的四種超能力

1. 專注投入優先要務
2. 調和目標，造就團隊合作
3. 追蹤當責
4. 激發潛能，成就突破

持續性績效管理

文化的重要性

專注投入優先要務

- 為 OKR 週期設定適當的節奏。我建議採用並行的雙軌制度：季度 OKR 為較短期的目標而設，年度 OKR 則配合較長期的策略。
- 為了化解執行上的障礙，增強領導層的決心，建議先在高級管理人員中逐漸引進 OKR，累積制度的動能，然後再號召個別員工投入。
- 任命一位 OKR 督導人，確保每一個人、每個週期，都投入時間選出最重要的目標。

- 每個週期決心達成三至五項關鍵目標。OKR 太多會削弱和分散員工的努力。釐清不需要做的事，據此捨棄、延後某些工作，或降低它們的重要性，藉此擴大自己的有效能力。
- 選擇 OKR 時，要尋找那些能最有效造就傑出績效的目標。
- 在組織的使命宣言、策略計畫或領導層選擇的某項大主題中，尋找最高層級 OKR 的「原料」。
- 若想強調某個部門層級的目標，並且爭取其他部門的支持，可以將它提升為公司層級的 OKR。
- 針對每一項目標，設定不超過五項可衡量、明確和有期限的關鍵結果。它們能夠說明，目標將如何達成。照理說，完成所有關鍵結果必然等同達成目標。
- 為了達致平衡和控管品質，量化的關鍵結果，應該與質化的關鍵結果適當配對。
- 如果某項關鍵結果需要額外關注，可以在一個或多個週期裡，將它提升至目標層級。
- OKR 制度成功最重要的一項要素，是組織的領導階層對這套方法的信心和支持。

契合與連結，造就團隊合作

- 向員工說明他們的目標，該如何協調領導人的願景和公司最優先的要務，藉此激勵他們。通往卓越營運的捷徑上，滿是從組織底層到最高層公開透明的目標。
- 利用全體會議解釋，為什麼某組 OKR 對組織非常重要。一再重複該訊息，直到你自己也聽膩了。
- 部署層層下達的 OKR（目標由最高層設定）時，應歡迎前線員工在關鍵結果上折中妥協。創新往往源自組織的邊陲而非中心。
- 鼓勵由下而上設定的 OKR，達到某個健康的比重，也就是約一半。
- 以橫向共有的 OKR 連結各個團隊，突破部門之間各自為政的障礙。跨職能運作造就迅速和協調的決策，而這是競爭優勢的基礎。
- 明確指出所有橫向、跨職能的依賴關係。
- 一組 OKR 被修改或刪除時，務必確保所有利害關係人了解情況。

追蹤當責

- 為了建立當責文化，確立持續再評估和誠實客觀評價的習慣，而且這一點要從最高層做起。領導人若能公開承認自己的錯誤，員工就能相對自由地承擔風險。

- 激勵員工時，多根據成就相關的公開明確指標，而非外在獎勵。
- 為了維持 OKR 的時效和意義，應該由督導人督促員工，定期檢查和更新相關資料。經常檢查情況，能使團隊和個人得以靈敏糾正問題，或是迅速停損。
- 為了維持出色的績效，應鼓勵員工與主管每週一對一討論 OKR，此外每月舉行部門會議。
- 可以因應環境的變化，適當修改、增添或刪除 OKR，甚至在週期中段也可以這麼做。目標並非一經設定就不能改變，頑固堅守已失去意義或無法達成的目標，對組織是有害的。
- 週期結束時，利用 OKR 分數和主觀的自我評估，來評價過去的表現，慶祝取得的成就，以及規劃和改善未來的工作。踏入新週期之前，花一點時間反省過去一個週期的表現，以及品味自己的成就。
- 為了使 OKR 保持適當與持續更新的狀態，應該投資建立自動化的專用雲端平台。公開、協作式和即時的目標設定系統，是效果最好的。

激發潛能，成就突破

- 每一個週期開始時，應區分必須 100%達成的目標(決心達成的 OKR)，與「無畏艱難的大目標」(亦稱理想型 OKR)。

- 建立良好環境，讓員工不怕因為失敗而受指責。
- 為了敦促員工努力解決問題，並鼓勵他們追求更大的成就，應該設定雄心勃勃的目標，即使有些季度目標將無法達成。但應避免將標準設得太高，讓目標看來明顯不可能達成。如果員工知道不可能成功，他們的士氣將深受打擊。
- 為了取得生產力或創新上的躍進，可以仿效 Google 追求 10 倍的進步，以大膽的 OKR 代替謹慎微小的 OKR。這種努力正是改變產業秩序，和徹底革新各個領域的力量。
- 配合組織的文化，設計考驗能力的 OKR。公司能承受考驗的程度，可能會隨著時間的推移而改變，取決於新週期的營運需求。
- 如果考驗能力的 OKR 未能達成，而且目標仍然有重要意義，可以考慮在下一個週期繼續努力。

持續性績效管理

- 為了在問題變得嚴重之前，及時處理並且支援遇到困難的員工，年度績效管理應該改為持續性績效管理。
- 將前瞻性 OKR 與回顧性年度考核分開，藉此解除束縛，鼓勵雄心勃勃的目標設定系統。如果目標達成與獎金直接掛鉤，會鼓勵不思進取和厭惡風險的行為。
- 以公開透明、基於優點與多元的績效評估標準，取代競爭性評等和分級評等。在數字之外，應考慮員工的團隊合作和溝通表現，以及設定目標的進取程度。

- 激勵員工應該倚重內在動機（有意義的工作和成長機會），而非財務誘因。前者相較有力得多。
- 為了促進績效，結構化目標設定方法，搭配持續執行的 CFR（對話、回饋、讚揚）。公開透明的 OKR，使指導變得更具體、更有用。持續的 CFR 能讓日常工作保持在正軌上，而且促成真正的協作。
- 主管與員工以促進績效為旨的對話中，應容許員工設定議程。主管的角色是學習和指導。
- 設法令績效回饋變成雙向、隨時進行和多方位的系統，不受組織架構束縛。
- 利用匿名的「脈動」調查，取得特定運作或士氣相關的即時回饋。
- 利用同儕之間的回饋和跨職能 OKR，強化各團隊和部門之間的聯繫。
- 利用同儕之間的讚揚，提高員工投入工作的程度和績效。為了發揮最大的作用，讚揚應該頻繁、具體、顯而易見，並且與最高層級 OKR 掛鉤。

文化的重要性

- 最高層級的 OKR，應該契合組織的使命、願景及核心價值。

- 利用言語表達文化價值觀，但最重要的還是靠行動。
- 藉由協作和當責促成頂尖績效。OKR 如果屬於集體員工，關鍵結果應分配給個人，並要求他們當責。
- 為了建立積極的組織文化，OKR「催化劑」（支持工作的行動）應以 CFR「滋養劑」（人際間的支援，甚至是隨機的善意表現）加以平衡。
- 利用 OKR 促進透明程度、清晰程度、工作宗旨和大局價值觀。利用 CFR 建立積極性、熱情、努力追求突破的心態，以及天天進步的決心。
- 實施 OKR 之前，應警惕處理文化障礙，尤其是當責和信任相關的問題。

附錄 5
延伸閱讀

安迪・葛洛夫與英特爾

- 《葛洛夫給經理人的第一課：從煮蛋、賣咖啡的早餐店談高效能管理之道》（*High Output Management*），安迪・葛洛夫（Andy Grove）著，遠流出版。
- 《活著就是贏家：英特爾創辦人葛洛夫傳》（*Andy Grove: The Life and Times of an American*），理察・泰德羅（Richard S. Tedlow）著，知識流出版。
- 《英特爾傳奇：諾宜斯、摩爾和葛洛夫如何打造世界巨擘》（暫譯，*The Intel Trinity: How Robert Noyce, Gordon Moore, and Andy Grove Built the World's Most Important Company*），邁克・馬隆（Michael Malone）著。

文化

- 《為何做事方式決定一切》（暫譯，*HOW: Why HOW We Do Anything Means Everything*），多夫・賽德曼（Dov Seidman）著。

- 《挺 身 而 進》(*Lean In: Women, Work, and the Will to Lead*),雪莉・桑德伯格(Sheryl Sandberg)著,天下雜誌出版。
- 《極端坦誠:做個有人性的強勢老闆》(暫譯,*Radical Candor: Be a Kick-Ass Boss Without Losing Your Humanity*),金・史考特(Kim Scott)著。

吉姆・柯林斯(Jim Collins)

- 《從 A 到 A+》(*Good to Great: Why Some Companies Make the Leap...and Others Don't*),遠流出版。
- 《十倍勝,絕不單靠運氣:如何在不確定、動盪不安環境中,依舊表現卓越?》(*Great by Choice: Uncertainty, Chaos, and Luck—Why Some Thrive Despite Them All*),遠流出版。

比爾・坎貝爾(Bill Campbell)與指導

- 《劇本:教練比爾・坎貝爾提供的教訓》(暫譯,*Playbook: The Coach—Lessons Learned from Bill Campbell*),艾瑞克・施密特(Eric Schmidt)、強納森・羅森柏格(Jonathan Rosenberg)和艾倫・伊格爾(Alan Eagle)合著。
- 《直言不諱:新創界局內人克服困難的100條規則》(暫譯,*Straight Talk for Startups: 100 Insider Rules for*

Beating the Odds），藍迪・高米沙（Randy Komisar）著。

Google

- 《Google 模式：挑戰瘋狂變化世界的經營思維與工作邏輯》（*How Google Works*），艾瑞克・施密特（Eric Schmidt）與強納森・羅森柏格（Jonathan Rosenberg）合著，天下雜誌出版。
- 《Google 超級用人學：讓人才創意不絕、企業不斷成長的創新工作守則》（*Work Rules!: Insights from Inside Google That Will Transform How You Live and Lead*），拉茲洛・伯克（Laszlo Bock）著，天下文化出版。
- 《Google 總部大揭密：Google 如何思考？如何運作？如何形塑你我的生活？》（*In the Plex: How Google Thinks, Works, and Shapes Our Lives*），史蒂芬・李維（Steven Levy）著，財信出版。

OKR

- www.whatmatters.com。
- 《極度專注：利用 OKR 達成最重要的目標》（暫譯，*Radical Focus: Achieving Your Most Important Goals with Objectives and Key Results*），克莉絲蒂娜・渥德科（Christina Wodtke）著。

謝辭

寫完本書，我感受到強烈的感激之情。首先，我實在幸運，可以繼承安迪・葛洛夫這套方法，擴大人類的潛能。然後，我還能看到激勵人心的創業者、領導人和團隊，利用這套方法實現他們的夢想。我也感謝我們偉大的國家，能夠獎勵承擔風險的人，而我從不認為這是理所當然的。

最重要的是，我感謝各位讀者，感謝大家的注意、投入和回饋。我希望大家寫信給我（john@whatmatters.com）。

這本書問世，印證了我的信念：勝利需要一支團隊。從開始到完成，我感謝 Portfolio/Penguin 出版社團隊令這一切成真。我的出版人阿德里安・札克漢姆（Adrian Zackheim）預見本書的潛力；非常優秀的編輯史蒂芬妮・費里希（Stephanie Frerich），為本書耗費極大的心力，但依然能保持幽默感；此外還有塔拉費里希吉爾布萊德（Tara Gilbride）、奧莉維雅・培魯索（Olivia Peluso）和威爾・魏瑟爾（Will Weisser）。我也感謝我的代理人米希奈・史蒂芬奈絲（Myrsini Stephanides），和我的律師彼得・摩爾多瓦

（Peter Moldave）。此外還有多才多藝的萊恩・潘加莎朗（Ryan Panchadsaram），他的洞見和判斷證實在不可或缺。

特別感謝百忙之中抽出時間閱讀書稿、提供意見，使本書顯著進步的人：

感謝賓恩・高登（Bing Gordon），介紹我認識黛博拉・瑞戴伯（Debra Radabaugh），而他又介紹我認識教練坎貝爾。

感謝強納森・羅森柏格，他對 Google 使用 OKR 的方式，提出了許多敏銳的觀察，並為我介紹那些「考驗能力」的案例。

感謝拉茲洛・伯克，他是目標、持續性績效管理和文化方面的傑出思想領導人。感謝多夫・賽德曼，他是傑出的商業哲學家，在文化和價值觀方面貢獻了他的智慧。

感謝湯姆・費德曼（Tom Friedman）、羅琳・鮑威爾・賈伯斯（Laurene Powell Jobs）、艾爾・高爾（Al Gore）、藍迪・高米沙和雪莉・桑德伯格，這些朋友聰明又仁慈，分享了有關建立團隊和制度的獨特價值觀和智慧。

感謝吉姆・柯林斯，他是我最愛的企管作家，他以數據導向的清晰思想，考驗並且澄清了我的宗旨。若不是他在開創性的著作中指明前進方向，我不可能寫出這本書。

感謝傑出的傳記作家華特・艾薩克森（Walter Isaacson），他的忠告和建議在本書開始成形時，起了關鍵作用。

我也想感謝我在凱鵬華盈的夥伴，他們支持創業的決心每天都鼓舞我：邁克・亞培（Mike Abbott）、布魯克・拜耳

（Brook Byers）、馮艾瑞（Eric Feng）、賓恩・高登、馬穆恩・哈米德（Mamoon Hamid）、謝溫恩（Wen Hsieh）、（Noah Knauf）、藍迪・高米沙、瑪麗・米克（Mary Meeker）、穆德・羅德漢尼（Mood Rowghani）、泰德・施萊恩（Ted Schlein）和貝絲・賽登堡（Beth Seidenberg）。此外也感謝蘇・比格里瑞（Sue Biglieri）、阿里克斯・伯恩（Alix Burns）、茱麗葉・德伯格尼（Juliet deBaubigny）、亞曼達・達克沃斯（Amanda Duckworth）、勞茲・賈扎耶里（Rouz Jazayeri）和史考特・萊爾斯（Scott Ryles）。特別感謝蕾伊・內爾・羅德斯（Rae Nell Rhodes）、張莘蒂（Cindy Chang）和諾艾爾・米拉格利雅（Noelle Miraglia）的鼎力支持；感謝蒂娜・凱斯（Tina Case），她找到那些照片，使本書增色不少。

OKR 的四種超能力，以及支持它們的 CFR，是本書的框架，但是如果沒有相關的真實幕後故事，本書將十分空洞。因此，這裡要特別感謝講故事的人，他們非常慷慨分享了自己的經驗。

我想從蓋茲基金會以前和現在的團隊說起，他們的工作範圍之廣，和影響之大激勵人心。謝謝比爾和梅琳達、帕蒂・史東希弗、賴瑞・柯恩（Larry Cohen）、畢琪特・阿諾（Bridgitt Arnold）、希薇亞・馬修・柏威爾（Sylvia Mathews Burwell）、蘇珊・戴斯蒙・赫爾曼（Susan Desmond-Hellman）、馬克・蘇茲曼（Mark Suzman）和安庫・弗拉（Ankur Vora）。你們的成就應該寫成一本巨著，我們迫切希望拜讀。

感謝我們最愛的愛爾蘭搖滾巨星，他發起了與疾病、貧窮和貪腐作戰的全球運動。感謝波諾和他的夥伴傑米・德拉蒙（Jamie Drummond）、大衛・藍恩（David Lane）、露西・馬修（Lucy Matthew）、鮑比・史瑞佛（Bobby Shriver）、蓋爾・史密斯（Gayle Smith）和肯恩・韋伯（Ken Weber）創立了 ONE 反貧運動。

Google 團隊值得特別表揚。賴瑞・佩吉、賽吉・布林和艾瑞克・施密特，已經使 Google 成為 21 世紀結構化目標設定的模範。他們執行 OKR 的決心和成就，甚至令安迪・葛洛夫佩服。同時，我不能不提在全球傳播「福音」的 10 萬多名 Google 員工和公司之友。我特別感謝桑德爾・皮蔡、蘇珊・沃西基、強納森・羅森柏格和克里斯托斯・古德洛。此外也感謝 Tim Armstrong、Raja Ayyagari、Shona Brown、Chris Dale、Beth Dowd、Salar Kamangar、Winnie King、Rick Klau、Shishir Mehrotra、Eileen Naughton、Ruth Porat、Brian Rakowski、Prasad Setty、Ram Shriram、Esther Sun、Matt Susskind、Astro Teller 和 Kent Walker。

英特爾過去和現在的領袖，非常慷慨分享他們的洞見。感謝高登・摩爾、雷斯・瓦達茲（Les Vadasz）、伊娃・葛洛夫（Eva Grove）、比爾・戴維多、戴恩・艾略特（Dane Elliott）、吉姆・拉利和凱西・柏衛爾（Casey Powell）。此外也感謝執行長布萊恩・科茲安尼克（Brian Krzanich）、史蒂夫・羅傑斯（Steve Rodgers）、凱莉・凱利（Kelly Kelly）和安迪・葛洛夫的長期行政助理泰瑞・墨菲（Terry Murphy）。

感謝 Remind 的布雷特・科普夫、大衛・科普夫和布萊恩・格雷（Brian Grey）。

感謝 Nuna 的金吉妮、陳大衛、卡塔加・古斯曼（Katja Gussman）、宋尼克（Nick Sung）和桑傑・西凡尼桑（Sanjey Sivanesan）。

感謝 MyFitnessPal 的李邁克和李大衛。

感謝 Intuit 的阿提克斯・泰森、史考特・庫克、布萊德・史密斯（Brad Smith）、雪莉・惠特妮（Sherry Whiteley）和歐嘉・布萊樂思奇（Olga Braylovskliy）。

感謝 Adobe 的唐娜・莫里斯、尚塔努・那拉嚴（Shantanu Narayen）和丹恩・羅森斯威格（Dan Rosensweig）。

感謝 Zume 的茱莉亞・柯林斯和亞歷克斯・加登。

感謝 Coursera 的利拉・伊布拉辛、達芙妮・寇勒、吳恩達、里克・雷文（Rick Levin）和傑夫・馬吉昂卡拉達（Jeff Maggioncalda）。

感謝 Lumeris 的安德魯・柯爾、雅特・格拉斯哥和邁克・朗。

感謝 Schneider Electric 的 Hervé Coureil 和 Sharon Abraham。

感謝沃爾瑪（Walmart）的 John Brothers、Becky Schmitt 和 Angela Christman。

感謝 Khan Academy 的 Orly Friedman 和 Sal Khan。

許多專家為 OKR 運動和本書，貢獻了他們的洞見和許多其他東西：Alex Barnett、Tracy Beltrane、Ethan Bernstein、Josh Bersin、Ben Brookes、John Brothers、Aaron Butkus、Ivy Choy、John Chu、Roger Corn、Angus Davis、Chris Deptula、Patrick Foley、Uwe Higgen、Arnold Hur、General Tom Kolditz、Cory Kreeçk、Jonathan Lesser、Aaron Levie、Kevin Louie、Denise Lyle、Chris Mason、Amelia Merrill、Deep Nishar、Bill Pence、Stephanie Pimmel、Philip Potloff、Aurelie Richard、Dr. David Rock、Timo Salzsieder、Jake Schmidt、Erin Sharp、Jeff Smith、Tim Staffa、Joseph Suzuki、Chris Villar、Jeff Weiner、Christina Wodtke 和 Jessica Woodall。

特別感謝 BetterWorks 執行長道格·鄧爾林（Doug Dennerline），和他目標導向的團隊，他們非常努力推廣 OKR 和 CFR，自身也天天進步。

我也要感謝一些特別的人，多年來我有幸與他們共事，而他們的人生就是傑出表現的模範：吉姆·巴克斯代爾（Jim Barksdale）、安迪·貝克托斯海姆（Andy Bechtolsheim）、傑夫·貝佐斯、史考特·庫克（Scott Cook）、約翰·錢伯斯（John Chambers）、比爾·喬伊（Bill Joy）和 K.R. 史瑞哈（K. R. Sridhar）。此外也感謝安迪·葛洛夫、比爾·坎貝爾和史蒂夫·賈伯斯，他們雖然已經逝世，卻永遠不會被遺忘。

我真心感謝傑夫・科普隆（Jeff Coplon），他是造就這一切團隊的核心人物，再次證明了執行才是關鍵。

遠在我認識 OKR 之前，我父親和心目中的英雄羅・杜爾，教我認識專注、決心、高標準和心懷大志（以及正確的心態）的價值。我母親蘿絲瑪麗・杜爾（Rosemary Doerr）無條件支持我，並將這些道理付諸實踐。

最後，我永遠感激妻子安（Ann）和女兒瑪麗（Mary）與艾絲特（Esther），她們的耐心、鼓勵和愛，使我得以完成這項漫長和困難的工作。她們每一天都提醒我，什麼是最重要的。

注釋

第1章　當Google遇上OKR

1. Steven Levy, *In the Plex: How Google Thinks, Works, and Shapes Our Lives* (New York: Simon & Schuster, 2011). 繁體中文版《Google總部大揭密：Google如何思考？如何運作？如何形塑你我的生活？》，由財信出版社出版。某些情況下，關鍵結果是二元的，只有已完成或未完成，例如「完成新進員工須知手冊」。
2. Lisa D. Ordóñez, Maurice E. Schweitzer, Adam D. Galinsky, and Max H. Bazerman, "Goals Gone Wild: The Systematic Side Effects of Overprescribing Goal Setting," *Academy of Management Perspectives*, February 1, 2009.
3. 同上注。
4. Edwin Locke, "Toward a Theory of Task Motivation and Incentives," *Organizational Behavior and Human Performance*, May 1968.
5. "The Quantified Serf," *The Economist*, March 7, 2015.
6. Annamarie Mann and Jim Harter, "The Worldwide Employee Engagement Crisis," gallup.com, January 7, 2016. 以全球受雇員工而言，積極投入工作的只有13％。而且，根據勤業眾信（Deloitte）的資料顯示，情況都沒有改善，現今的員工積極程度，並沒有比10年前還高。
7. Dice Tech Salary Survey, 2014, http://marketing.dice.com/pdf/Dice_TechSalarySurvey_2015.pdf.
8. Annamarie Mann and Ryan Darby, "Should Managers Focus on Performance or Engagement?" *Gallup Business Journal*, August 5, 2014.
9. *Global Human Capital Trends 2014*, Deloitte University Press.

10. "Becoming Irresistible: A New Model for Employee Engagement," *Deloitte Review*, Issue 16, January 26, 2015.
11. Teresa Amabile and Steven Kramer, *The Progress Principle: Using Small Wins to Ignite Joy, Engagement, and Creativity at Work* (Boston: Harvard Business Review Press, 2011).
12. 同注2。
13. 同注1。
14. Eric Schmidt and Jonathan Rosenberg, *How Google Works* (New York: Grand Central Publishing, 2014). 繁體中文版《Google模式：挑戰瘋狂變化世界的經營思維與工作邏輯》，由天下雜誌出版。
15. 同注1。
16. 同注14。
17. *Fortune*, March 15, 2017.

第2章　OKR之父

1. 雖然我上的那一堂課沒有留下記錄，我們找到葛洛夫在3年後，教授類似課程留下的錄影內容。此課程相關資料，皆源於這段影片，詳見www.whatmatters.com。
2. Frederick Winslow Taylor, *The Principles of Scientific Management* (New York and London: Harper & Brothers, 1911).
3. Andrew S. Grove, *High Output Management* (New York: Random House, 1983). 繁體中文版《葛洛夫給經理人的第一課：從煮蛋、賣咖啡的早餐店談高效能管理之道》，由遠流出版。
4. Peter F. Drucker, *The Practice of Management* (New York: Harper & Row, 1954). 繁體中文版《彼得・杜拉克的管理聖經》，由遠流出版。
5. Robert Rodgers and John E. Hunter, "Impact of Management by Objectives on Organizational Productivity," *Journal of the American Psychological Association*, April 1991.
6. "Management by Objectives," *The Economist*, October 21, 2009.
7. 同注3。

8. Andrew S. Grove, iOPEC seminar, 1978. 賴瑞・佩吉就是當代進取內向者的一例。
9. Tim Jackson, *Inside Intel: The Story of Andrew Grove and the Rise of the World's Most Powerful Chip Company* (New York: Dutton, 1997).
10. *New York Times*, December 23, 1980.
11. *New York Times*, March 21, 2016.
12. *Time*, December 29, 1997.

第3章　英特爾的征服行動

1. Tim Jackson, *Inside Intel: The Story of Andrew Grove and the Rise of the World's Most Powerful Chip Company* (New York: Dutton, 1997).
2. "Intel Crush Oral History Panel," Computer History Museum, October 14, 2013.

第4章　超能力1：專注投入優先要務

1. 《葛洛夫給經理人的第一課》。
2. "Lessons from Bill Campbell, Silicon Valley's Secret Executive Coach," podcast with Randy Komisar, soundcloud.com, February 2, 2016, https://soundcloud.com/venturedpodcast/bill_campbell.3.
   Stacia Sherman Garr, "High-Impact Performance Management: Using Goals to Focus the 21st-Century Workforce," Bersin by Deloitte, December 2014.
4. Donald Sull and Rebecca Homkes, "Why Senior Managers Can't Name Their Firms' Top Priorities," London Business School, December 7, 2015.
5. 《彼得・杜拉克的管理聖經》。
6. 《葛洛夫給經理人的第一課》。
7. Mark Dowie, "Pinto Madness," *Mother Jones*, September/October 1977.
8. 同上注。如同艾科卡當年常說：「安全無助推銷。」
9. Lisa D. Ordóñez, Maurice E. Schweitzer, Adam D. Galinsky, and Max H. Bazerman, "Goals Gone Wild: The Systematic Side Effects of

Overprescribing Goal Setting," Harvard Business School working paper, February 11, 2009, www.hbs.edu/faculty/Publication %20Files/09-083.pdf.

10. Stacy Cowley and Jennifer A. Kingson, "Wells Fargo Says 2 Ex-Leaders Owe $75 Million More," *New York Times*, April 11, 2017.
11. 《葛洛夫給經理人的第一課》。
12. 《葛洛夫給經理人的第一課》。
13. 《葛洛夫給經理人的第一課》。

第5章 專注：Remind的故事

1. Matthew Kraft, "The Effect of Teacher-Family Communication on Student Engagement: Evidence from a Randomized Field Experiment," *Journal of Research on Educational Effectiveness*, June 2013.

第6章 投入：「姊姊」的故事

1. Steve Lohr, "Medicaid's Data Gets an Internet-Era Makeover," *New York Times*, January 9, 2017.

第7章 超能力2：契合與連結，造就團隊合作

1. 這是BetterWorks分析10萬項目標的結果。
2. Wakefield Research, November 2016.
3. "How Employee Alignment Boosts the Bottom Line," *Harvard Business Review*, June 16, 2016.
4. Robert S. Kaplan and David P. Norton, *The Strategy-Focused Organization: How Balanced Scorecard Companies Thrive in the New Business Environment* (Boston: Harvard Business School Press, 2001).
5. Donald Sull, "Closing the Gap Between Strategy and Execution," *MIT Sloan Management Review*, July 1, 2007.
6. 出自與艾蜜莉亞・梅瑞爾的訪談，她是RMS公司當時的人事策略領導人。

7. Laszlo Bock, *Work Rules!: Insights from Inside Google That Will Transform How You Live and Lead* (New York: Grand Central Publishing, 2015). 繁體中文版《Google超級用人學：讓人才創意不絕、企業不斷成長的創新工作守則》，由天下文化出版。
8. Andrew S. Grove, *Only the Paranoid Survive: How to Identify and Exploit the Crisis Points That Challenge Every Business* (New York: Doubleday Business, 1996). 繁體中文版《10倍速時代：唯偏執狂得以倖存！英特爾傳奇CEO安迪・葛洛夫的經營哲學》，由大塊文化出版。
9. 《彼得・杜拉克的管理聖經》。
10. 《葛洛夫給經理人的第一課》。
11. Edwin Locke and Gary Latham, "Building a Practically Useful Theory of Goal Setting and Task Motivation: A 35-Year Odyssey," *American Psychologist*, September 2002.
12. 出自與拉茲洛・博克的訪談，他是Google前人資長。

第9章　連結：Intuit的故事

1. http://beta.fortune.com/worlds-most-admired-companies/intuit-100000.
2. Vindu Goel, "Intel Sheds Its PC Roots and Rises as a Cloud Software Company," *New York Times*, April 10, 2016.

第10章　超能力3：追蹤當責

1. Teresa Amabile and Steven Kramer, *The Progress Principle: Using Small Wins to Ignite Joy, Engagement, and Creativity at Work* (Boston: Harvard Business Review Press, 2011).
2. Daniel H. Pink, *Drive: The Surprising Truth About What Motivates Us* (New York: Riverhead Books, 2009). 繁體中文版《動機，單純的力量：把工作做得像投入嗜好一樣有最單純的動機，才有最棒的表現》，由大塊文化出版。
3. Peter Drucker, *The Effective Executive: The Definitive Guide to Getting the*

Right Things Done (New York: Harper & Row, 1967). 繁體中文版《杜拉克談高效能的5個習慣》，由遠流出版。

4. 由加州多明尼克大學（Dominican University of California）教授蓋爾・馬修斯（Gail Matthews）發表的研究www.dominican.edu/dominicannews/study-highlights-strategies-for-achieving-goals.
5. Stephen R. Covey, *The 7 Habits of Highly Effective People* (New York: Simon & Schuster, 1989). 繁體中文版《與成功有約：高效能人士的七個習慣》，由天下文化出版。
6. "Don't Be Modest: Decrypting Google," *The Economist*, September 27, 2014.
7. Giada Di Stefano, Francesca Gino, Gary Pisano, and Bradley Staats, "Learning by Thinking: How Reflection Improves Performance," Harvard Business School working paper, April 11, 2014.
8. 同上注。

第12章　超能力4：激發潛能，成就突破

1. Steve Kerr, "Stretch Goals: The Dark Side of Asking for Miracles," *Fortune*, November 13, 1995.
2. Podcast with Randy Komisar, soundcloud.com, February 2, 2016.
3. Jim Collins, *Good to Great: Why Some Companies Make the Leap...and Others Don't* (New York: HarperCollins, 2001). 繁體中文版《從A到A+》，由遠流出版。
4. Edwin A. Locke, "Toward a Theory of Task Motivation and Incentives," *Organizational Behavior and Human Performance* 3, 1968.
5. Edwin A. Locke and Gary P. Latham, "Building a Practically Useful Theory of Goal Setting and Task Motivation: A 35-Year Odyssey," *American Psychologist*, September 2002.
6. 《葛洛夫給經理人的第一課》。
7. "Intel Crush Oral History Panel," Computer History Museum, October 14, 2013.
8. William H. Davidow, *Marketing High Technology: An Insider's View*

(New York: Free Press, 1986).
9. Steven Levy, "Big Ideas: Google's Larry Page and the Gospel of 10x," *Wired*, March 30, 2013.
10. 《Google模式》。
11. 同注9。
12. 出自與拉茲洛・博克訪談內容。
13. Locke and Latham, "Building a Practically Useful Theory of Goal Setting and Task Motivation."
14. iOPEC seminar, 1992.

第13章　激發潛能：Google Chrome的故事

1. 《Google超級用人學》。
2. 《Google超級用人學》。
3. www.whatmatters.com/sophie。

第14章　激發潛能：YouTube的故事

1. Belinda Luscombe, "Meet YouTube's View Master," *Time*, August 27, 2015.
2. 出自納德拉2015年6月25日，給微軟全體員工的電子郵件。

第15章　持續性績效管理：OKR與CFR

1. "Performance Management: The Secret Ingredient," Deloitte University Press, February 27, 2015.
2. "Global Human Capital Trends 2014: Engaging the 21st Century Workforce," Bersin by Deloitte.
3. www.druckerinstitute.com/2013/07/measurement-myopia。
4. Josh Bersin and BetterWorks, "How Goals Are Driving a New Approach to Performance Management," Human Capital Institute, April 4, 2016.
5. 《葛洛夫給經理人的第一課》。
6. "Former Intel CEO Andy Grove Dies at 79," *Wall Street Journal*, March

22, 2016. When I met with my boss at Intel, it wasn't for him to inspect my work, but rather to figure out how he could help me achieve my key results.

7. Annamarie Mann and Ryan Darby, "Should Managers Focus on Performance or Engagement?" *Gallup Business Journal*, August 5, 2014.
8. Sheryl Sandberg, *Lean In: Women, Work, and the Will to Lead* (New York: Knopf, 2013). 繁體中文版《挺身而進》，由天下雜誌出版。
9. Josh Bersin, "Feedback Is the Killer App: A New Market and Management Model Emerges," *Forbes*, August 26, 2015.
10. Josh Bersin, "A New Market Is Born: Employee Engagement, Feedback, and Culture Apps," joshbersin.com, September 19, 2015.
11. "Becoming Irresistible: A New Model for Employee Engagement," *Deloitte Review*, issue 16.

第18章　企業的支柱：文化

1. https://rework.withgoogle.com/blog/five-keys-to-a-successful-google-team。
2. Teresa Amabile and Steven Kramer, "The Power of Small Wins," *Harvard Business Review*, May 2011.
3. 這項研究由波士頓研究團隊（Boston Research Group）、南加州大學的績效組織中心（Center for Effective Organizations）和研究數據科技公司（Research Data Technology）進行。

獻辭　向最偉大的「教練」致敬

1. Ken Auletta, "Postscript: Bill Campbell, 1940– 2016," *The New Yorker*, April 19, 2016.
4. 《Google模式》。
5. Miguel Helft, "Bill Campbell, 'Coach' to Silicon Valley Luminaries Like Jobs, Page, Has Died," *Forbes*, April 18, 2016.
6. Podcast with Randy Komisar, soundcloud.com, February 2, 2016.

財經企管 BCB660

OKR：做最重要的事

Measure What Matters: How Google, Bono, and the Gates Foundation Rock the World with OKRs

作者——約翰・杜爾（John Doerr）
譯者——許瑞宋

總編輯 —— 吳佩穎
責任編輯 —— 王映茹
封面設計 —— FE 設計 葉馥儀

出版人 —— 遠見天下文化出版股份有限公司
創辦人 —— 高希均、王力行
遠見・天下文化 事業群榮譽董事長 —— 高希均
遠見・天下文化 事業群董事長 —— 王力行
天下文化社長 —— 王力行
天下文化總經理 —— 鄧瑋羚
國際事務開發部兼版權中心總監 —— 潘欣
法律顧問 —— 理律法律事務所陳長文律師
著作權顧問 —— 魏啟翔律師
社址 —— 臺北市 104 松江路 93 巷 1 號
讀者服務專線 —— 02-2662-0012 ｜傳真 —— 02-2662-0007；02-2662-0009
電子郵件信箱 —— cwpc@cwgv.com.tw
直接郵撥帳號 —— 1326703-6 號　遠見天下文化出版股份有限公司

電腦排版 —— bear 工作室
製版廠 —— 東豪印刷事業有限公司
印刷廠 —— 祥峰印刷事業有限公司
裝訂廠 —— 中原造像股份有限公司
登記證 —— 局版台業字第 2517 號
總經銷 —— 大和書報圖書股份有限公司｜電話 —— 02-8990-2588
出版日期 —— 2019 年 01 月 30 日第一版第 1 次印行
2024 年 03 月 12 日第一版第 38 次印行

定價 —— 450 元
ISBN —— 978-986-479-633-5
書號 —— BCB660
天下文化官網 —— bookzone.cwgv.com.tw

國家圖書館出版品預行編目（CIP）資料

OKR：做最重要的事 / 約翰 ・ 杜爾（John Doerr）著；許瑞宋譯 .-- 第一版 .-- 臺北市：遠見天下文化，2019.01
336 面；14.8×21 公分 .--（財經企管；BCB660）

譯自：Measure What Matters: How Google, Bono, and the Gates Foundation Rock the World with OKRs

ISBN 978-986-479-633-5（平裝）

1. 目標管理 2. 決策管理 3. 組織管理

494.17　　108001180

天下文化
BELIEVE IN READING